NEW LIBRARY OF MATHEMATICS=3

微分方程式と
その応用[新訂版]

竹之内 脩=著

サイエンス社

- Mathematica は Wolfram Research 社の登録商標です．
- Microsoft Visual Basic は米国 Microsoft 社の登録商標です．
- その他，本書で記載されている会社名，製品名は各社の登録商標または商標です．
- 本書では，Ⓡと TM は明記しておりません．

サイエンス社のホームページのご案内

http://www.saiensu.co.jp

ご意見・ご要望は　rikei@saiensu.co.jp　まで．

新訂版まえがき

　本書の初版刊行以来，多くの人に利用していただいていることは，著者にとって大きな喜びである．

　この度，新訂版を刊行することとなった．その意図の1つは，数式処理ソフトが発達した現在，それを活用するのが，時代の要請でもある，との考えである．初版でも，コンピュータの利用は考えていたが，その頃は，まだ数式処理ソフトはそれほど多く用いられているとは考えられず，当時，普及していると思われたBASICで，いくつかのプログラムを提供して，それを活用することを願ったのである．しかし，現在では，Mathematica, Maple, Mathcad等々の数式処理ソフトが普及して，BASICなど，取り上げられることは少なくなった．そこで，この際，本書の中の図版を，すべてMathematicaで描いて，そのプログラムを提供し，微分方程式の研究とその応用には，それが非常に有効であることを知っていただくことを目的としたのである．Mathematicaなどは，パソコン用のソフトとして流通しており，また，大学のコンピュータセンターでは，いつでも利用できるようになっている．それらの利用により，巻末につけたMathematica用のプログラムが，読者諸氏のお役に立つことを念願している．

　　2004年6月

　　　　　　　　　　　　　　　　　　　　　　　　　　竹之内　脩

まえがき

　本書は，微分方程式入門の教科書として著述したものである．
　微分方程式は，理工系の人達には基礎的であるが，近年は，社会系，経済系でも微分方程式の利用の機会が多くなってきて，諸科学全般に活用されている重要な課目である．
　微分方程式というと，解の具体的な形を求める，と思うことが多いようで，本書でも，そのことを中心とした．しかし，代数方程式の例をとってみても，2次方程式は簡単に解が求められるが，3次方程式となると，特別な工夫で求めたものは別として，解法にしたがった解を求めようと努力する人はいないであろう．微分方程式も，厳密解を求められるものは，ごく限られたものに制限され，一般的には解の具体的表示を求めることはまず不可能である．研究者としては，解の性質，解の活用を中心に調べていくことになるが，そのようなテーマは，更に進んだ段階での学習として，本書では，常識としてもってほしい程度の内容を記述した．
　応用方面の人達には，ラプラス変換，ないしは演算子法は，活用される重要な道具である．本書では，その根拠を十分理解してもらうように心掛けて叙述した．というのも，実用面は，それぞれの専門で，勉学する機会があることと考えているからである．
　また，付章には，数値解法について述べた．コンピュータの普及によって，数値計算をする人は多いが，そのときの主な方法，そして，それを用いるときの注意などを中心として記述した．数値解を求めるのは軽便であるが，やはり切れ味よく使ってほしいものである．そのためには，勘所を十分心得て

ほしい．そういった心をこめて叙述したつもりである．

　読者が，本書によって微分方程式になじみ，これを自分の道具として十分活用できるようになることを期待している．

　1985 年 11 月

竹之内　脩

目　次

1　簡単な常微分方程式の解法　　1

- **1.1**　常微分方程式 1
- **1.2**　変数分離形 3
- **1.3**　同　次　形 8
- **1.4**　1階線形常微分方程式 11
- **1.5**　全微分方程式 19
- **1.6**　変数の変換 24
- **1.7**　解　曲　線 27
- **1.8**　曲線群と包絡線 30
- **1.9**　特異解，クレーローの微分方程式 35
- **1.10**　簡単な2階常微分方程式 37
- **1.11**　初　期　条　件 44

2　微分方程式の応用　　45

- **2.1**　図形的問題への応用 (1) 45
- **2.2**　図形的問題への応用 (2) 49
- **2.3**　力学の問題への応用 (1) 53
- **2.4**　力学の問題への応用 (2) 56
- **2.5**　電気系への応用 60
- **2.6**　その他の物理的応用の簡単な例 61
- **2.7**　その他の応用 63

3 線形常微分方程式　　66

- **3.1** 線形常微分方程式の一般解 66
- **3.2** 階数低下法 71
- **3.3** オイラーの公式 73
- **3.4** 定数係数線形常微分方程式 (1)——斉次方程式 76
- **3.5** 定数係数線形常微分方程式 (2)——特殊な非斉次方程式 79
- **3.6** オイラーの微分方程式 86

4 演算子とラプラス変換　　90

- **4.1** 記号解法と演算子法 90
- **4.2** ラプラス変換 93
- **4.3** ラプラス変換の基本性質 97
- **4.4** 逆ラプラス変換 105
- **4.5** 定数係数線形常微分方程式の演算子法による解法 108
- **4.6** 不連続関数 116
- **4.7** 線形モデル 119
- **4.8** 線形常微分方程式系 122

5 級　数　解　　124

- **5.1** 解の整級数表示 124
- **5.2** 整　級　数 126
- **5.3** ルジャンドルの微分方程式 131
- **5.4** ベッセルの微分方程式 137

6 偏微分方程式入門　　146

6.1 偏微分方程式 146
6.2 弦の振動の方程式 147
6.3 円形膜の振動 155
6.4 熱 方 程 式 160
6.5 ラプラスの微分方程式 (2次元の場合) 165
6.6 ラプラスの微分方程式 (3次元の場合) 171

付1章 数 値 解 法　　178

付1.1 数 値 解 法 178
付1.2 オイラー法 179
付1.3 テイラー展開からの検討 182
付1.4 ルンゲ・クッタ法 187
付1.5 数式計算ソフトによる解 190
付1.6 予測子・修正子法 191
付1.7 数値的不安定性 197
付1.8 数値解法の実際 200

付2章 複素数の利用　　201

付2.1 複素数平面 201
付2.2 級　　　数 203
付2.3 指 数 関 数 205

問 題 略 解 207
付　　表 215
付録 Mathematica用プログラム 219
索　　引 229

第1章
簡単な常微分方程式の解法

1.1 常微分方程式

一つの変数 x の関数 y に対して，x, y, および y の x に関する導関数 $y' = \dfrac{dy}{dx}$ の間の関係式 $F(x, y, y') = 0$ を与えて，これから y の x の関数としての表示を求めたり，また，この式を用いて x の関数としての y の性質をいろいろ調べたりしようとするとき，この式

$$F(x, y, y') = 0 \qquad (1)$$

を**常微分方程式**という．

この章では，

$$y' = f(x, y) \qquad (2)$$

という形の微分方程式について，y を x の関数として表示することをまず考えよう．すなわち，x の関数 $y(x)$ で

$$y'(x) = f(x, y(x))$$

が恒等的に成り立つものを求める．$y(x)$ を，微分方程式 (2) の**解**という．

例1 $y' = g(x)$

この微分方程式の解は，$g(x)$ の不定積分を $G(x)$ とするとき，

$$y = G(x) + C \qquad (C \text{ は定数})$$

である．

注 $g(x)$ に対して，微分すれば $g(x)$ となる関数 $f(x)$ を一つとるとき，$f(x)$ に任意に定数を加えたもの，

$$f(x) + C \qquad (C \text{ は積分定数})$$

を，$g(x)$ の不定積分と書いたものも多くある．そのときは，$f(x)$ を，一つの不定積分，あるいは不定積分の一つと呼んでいる．

しかしまた，不定積分には，当然積分定数がついてくるものとして，$f(x)$ を，単に $g(x)$ の不定積分ということも多い．むしろ，このほうが，先に進んでいくと一般的になるであろう．

本書では，この後者の立場で，微分すれば $g(x)$ となる関数 $f(x)$ を一つとって，これを $g(x)$ の不定積分とよぶことにしている．

すなわち，たとえば，x の不定積分は，$\dfrac{1}{2}x^2$ とするのである．

例2 $y' = ky \qquad (k \text{ は定数})$

$y = e^{kx}$ がこの微分方程式の一つの解であることは容易に知られる．そのほかの解を求めるために，e^{kx} は決して 0 にならない関数であることに注意して，y を e^{kx} で割った $z = e^{-kx}y$ を考える．

$y = e^{kx}z$ を，与えられた微分方程式に代入すれば，

$$(e^{kx}z)' = ke^{kx}z \qquad \text{したがって} \quad e^{kx}z' = 0$$

ここで，再び e^{kx} が決して 0 にならないことに注意すると，z' は恒等的に 0 でなければならないことが知られるから，$z = C$（定数）．

ゆえに，

$$y = Ce^{kx} \qquad (C \text{ は定数})$$

が解のすべてである．

常微分方程式の解は，この例のようにある任意定数 C を含み，この C に

いろいろな値を与えることによって個々の解が表されることが多い．このような形の解を**一般解**という．そして，C をある値と定めることによって得られる解を**特解**という．微分方程式によっては，それ以外の解がある場合もあり，それらは後に例示される．

注 微分方程式の話では，当然，関数の不定積分を求めることが多くなる．しかし，これを学ばれる諸君は，すでに微分積分法において，積分の計算は，十分練習してこられているわけであるから，ここでまた，その繰り返しをすることもないであろう．

不定積分の結果は，数学公式集，あるいはコンピュータの数式処理ソフト——Mathematica や，Maple, Mathcad など——を活用するのがよい．

本書のところどころでは，積分計算を，初歩的に実行しているところもあるが，それは，このような計算をした，という記憶をよびさますため，と考えてもらってもよい．本書で掲げた微分方程式の解の図は，Mathematica を用いて，描いた．

1.2 変数分離形

微分方程式

$$y' = f(x)g(y) \tag{1}$$

を**変数分離形**という．

この方程式を，

$$\frac{1}{g(y)}y' = f(x) \tag{2}$$

と書き，$\frac{1}{g(y)}$ の y の関数としての不定積分を $G(y)$ とする．そして，ここにおいて，y は x の関数であるとして $G(y)$ を x について微分すれば，

$$\frac{d}{dx}G(y) = G'(y)\frac{dy}{dx} = \frac{1}{g(y)}y'$$

であるから，(2) は，

$$\frac{d}{dx}G(y) = f(x) \tag{3}$$

と書ける．したがって，$f(x)$ の不定積分を $F(x)$ とすれば，

$$G(y) = F(x) + C \qquad (C は定数) \tag{4}$$

これが，(1) の一般解である．

この解は，通常，

$$\int \frac{1}{g(y)} dy = \int f(x) dx \tag{5}$$

という形で表されている．(不定積分の記号は，積分定数を含んでいるから，(4) における定数 C は，ここでは省略される．)

変数分離形の常微分方程式の解法

$$y' = f(x)g(y)$$

解 $$\int \frac{1}{g(y)} dy = \int f(x) dx$$

例1 $y' = y(1-y)$

$$\int \frac{1}{y(1-y)} dy = \int \left(\frac{1}{y} + \frac{1}{1-y}\right) dy$$
$$= \log|y| - \log|1-y| + C = \log\left|\frac{y}{1-y}\right| + C$$

であるから，

$$\log\left|\frac{y}{1-y}\right| + C = \int dx = x + C'$$

$C' - C$ をあらためて C とおく．(C は定数であるということを示しているだけで，特定の数を表しているわけではないから，同じ記号を書いて差し支えない．) そうすれば

$$\log\left|\frac{y}{1-y}\right| = x + C \qquad \therefore \quad \left|\frac{y}{1-y}\right| = e^{x+C} = e^C e^x$$

ゆえに，
$$\frac{y}{1-y} = \pm e^C e^x$$

$\pm e^C$ は 0 でない定数である．これをあらためて C とおく．そうすれば，
$$\frac{y}{1-y} = Ce^x \qquad \therefore \quad y = \frac{Ce^x}{1+Ce^x} \tag{6}$$

ここで，$C = 0$ の場合を考えてみよう．そのとき，(6) は $y = 0$ という関数を表すが，これは，微分方程式 $y' = y(1-y)$ の解になっている．したがって，$C \neq 0$ という制約は不要である．また $y = 1$ も，この微分方程式の解になっているが，これは，C をどのようにとっても，(6) の中に含めることはできないから，これは別に記さねばならない．

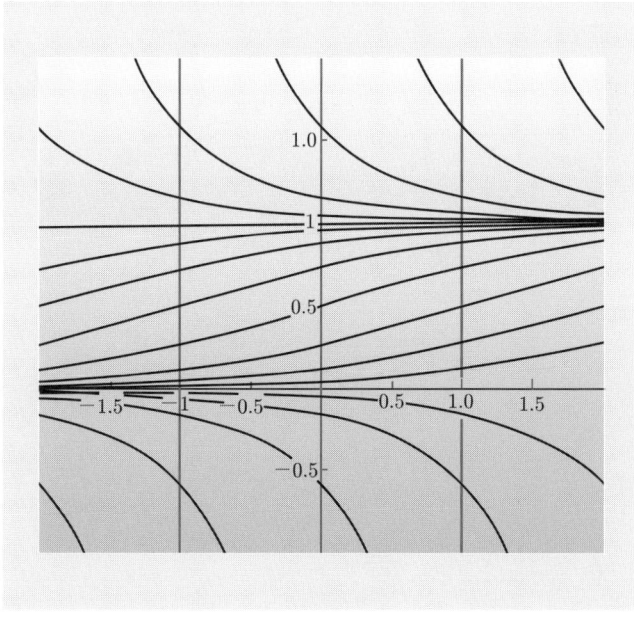

図 **1.1**

以上により，微分方程式

$$y' = y(1-y)$$

の解は，

$$y = \frac{Ce^x}{1+Ce^x} \quad (C \text{ は任意の定数})$$

および

$$y = 1$$

注 この例のように，変数分離形の常微分方程式 $y' = f(x)g(y)$ で，$g(y_0) = 0$ となるような y_0 があるときは，$y = y_0$ も解である．一般解を求めたときは，それにこれが含められるかどうかを調べ，含まれないときには，これを落とさないように注意する必要がある．

例 2 $y' = \cos(x-y) - \cos(x+y)$

右辺を変形すれば，

$$y' = 2\sin x \sin y \tag{7}$$

これから，

$$\int \frac{dy}{\sin y} = 2 \int \sin x \, dx$$

したがって，

$$\log\left|\tan \frac{y}{2}\right| = -2\cos x + C$$

$$\therefore \quad \tan \frac{y}{2} = \pm e^C e^{-2\cos x}$$

$\pm e^C$ をあらためて C とおき，書き直すと，

$$y = 2\tan^{-1}(Ce^{-2\cos x})$$

$\sin y = 0$ のとき,$y = n\pi (n = 0, \pm 1, \pm 2, \cdots)$. このうち,$n$ が偶数のときは,上の解で,$C = 0$ としたものに含まれるが,n が奇数のときは,そうはならないので,これを加える.

解は,
$$y = 2\tan^{-1}(Ce^{-2\cos x}) \qquad (C \text{ は任意の定数})$$

および,
$$y = n\pi \qquad (n = 0, \pm 1, \pm 2, \cdots)$$

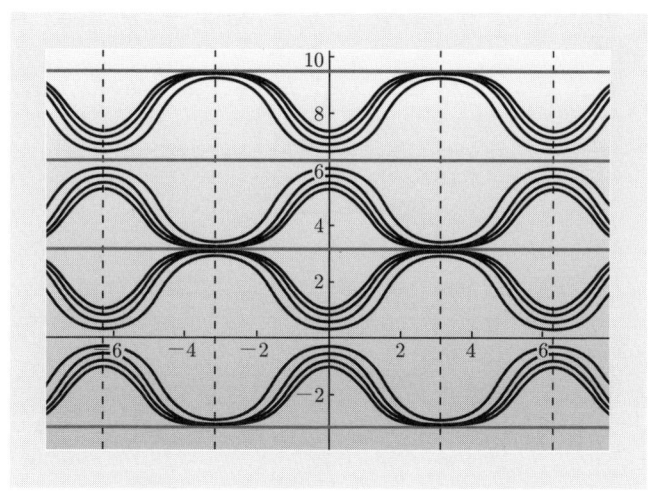

図 **1.2**

問 次の常微分方程式の解を求めよ.また,その解を図示せよ.
(1) $y' = x(1 + y^2)$
(2) $(1 + x^2)y' = 3xy$
(3) $y' = e^{x+y}$
(4) $\cos x \sin y \cdot y' = \sin x \cos y$

1.3 同次形

与えられた微分方程式において，変数に適当な変換をほどこすことによって，これを変数分離形の方程式に導くことができる場合がある．ここでは，そのような形のものとして，同次形の常微分方程式，ならびにそれを多少変形したものを扱うことにする．

次の形の常微分方程式を**同次形**という．

$$y' = f\left(\frac{y}{x}\right)$$

この形の方程式では，$y = ux$ とおくと，$y' = u'x + u$ であるから，

$$u'x + u = f(u)$$

ゆえに，

$$u' = \frac{f(u) - u}{x}$$

となり，u に関する変数分離形の常微分方程式ができる．

同次形の微分方程式の解法

$$y' = f\left(\frac{y}{x}\right)$$

解法 $y = ux$ とおいて，u に関する微分方程式に変形する．

例1 $(x - y)y' = 2x + 3y$

この微分方程式は，

$$y' = \frac{2x + 3y}{x - y} = \frac{2 + 3(y/x)}{1 - (y/x)}$$

と書けるから，同次形である．そこで，$y = xu$ とおくと，

$$xu' + u = \frac{2 + 3u}{1 - u} \qquad \therefore \quad u' = \frac{u^2 + 2u + 2}{x(1 - u)}$$

これから,
$$\int \frac{1-u}{u^2+2u+2}du = \int \frac{1}{x}dx$$
左辺の積分は,
$$\int \frac{1-u}{u^2+2u+2}du = \int \left(-\frac{1}{2}\frac{2u+2}{u^2+2u+2} + 2\frac{1}{(u+1)^2+1}\right)du$$
$$= -\frac{1}{2}\log(u^2+2u+2) + 2\tan^{-1}(u+1) + C$$
であるから,
$$-\frac{1}{2}\log(u^2+2u+2) + 2\tan^{-1}(u+1) = \log|x| + C \tag{1}$$
したがって,これに $u = \dfrac{y}{x}$ を代入すれば,
$$-\frac{1}{2}\log(2x^2+2xy+y^2) + \log|x| + 2\tan^{-1}\frac{x+y}{x} = \log|x| + C$$
よって,解は,
$$-\log(2x^2+2xy+y^2) + 4\tan^{-1}\frac{x+y}{x} = C \qquad \blacksquare$$

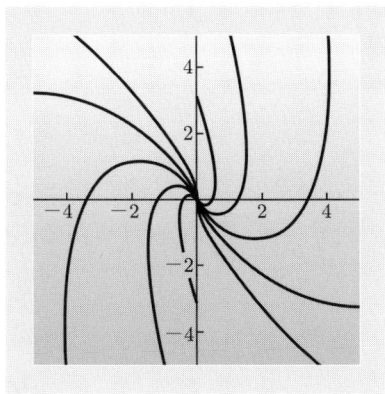

図 **1.3**

注　この微分方程式では，解を x の関数として直接表示した形で求めることはできないので，x, y の y' を含まない関係式が導かれたことで，解が求められたとしなければならない．図 1.3 のような図をかくときは，u をパラメターと考えて，(1) から x を求め，$y = ux$ として y を求める，というようにする．

次に，同次形ではないが，これに容易に変形できる微分方程式を考えてみよう．

例2　$y' = \dfrac{y - x}{3x + y - 4}$

これは，同次形ではない．しかし，いま，

$$x - y = 0, \quad 3x + y - 4 = 0$$

の解 $x = 1$, $y = 1$ をとり，

$$X = x - 1, \quad Y = y - 1$$

としてみれば，

$$\frac{dY}{dX} = \frac{dy}{dx} = \frac{y - x}{3x + y - 4} = \frac{(Y + 1) - (X + 1)}{3(X + 1) + (Y + 1) - 4} = \frac{Y - X}{3X + Y}$$

となり，同次形に導かれる．よって，$Y = uX$ とおくと，

$$X \frac{du}{dX} + u = \frac{u - 1}{3 + u}$$

$$X \frac{du}{dX} = \frac{-u^2 - 2u - 1}{3 + u}$$

$$\int \frac{-u - 3}{(u + 1)^2} du = \int \frac{1}{X} dX$$

ゆえに，

$$-\log|u + 1| + \frac{2}{u + 1} = \log|X| + C$$

したがって，解は，

$$x + y - 2 = C \exp \frac{2(x-1)}{x+y-2}$$

ここで，$C = 0$ の場合，$x + y - 2 = 0$ であることになる．（右辺は，定義されないがそれは無視する．）このとき $y' = -1$ であり，また，$3x + y - 4 = 2(x+y) + x - y - 4 = x - y$ となり，与えられた微分方程式の右辺も -1 となるので，これも解であることがたしかめられる． ▨

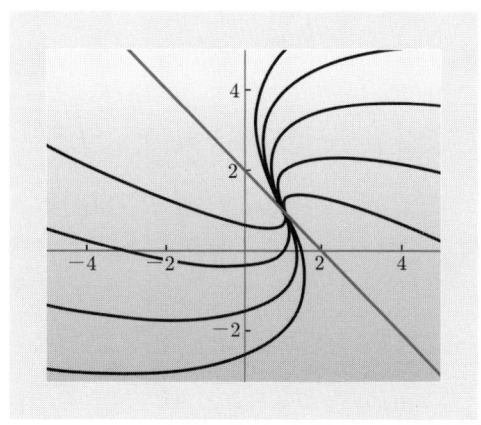

図 1.4

問　次の常微分方程式の解を求めよ．また，その解を図示せよ．
(1)　$(x+y)y' = x - y$　　(2)　$(x^2 - 2xy - y^2)y' = x^2 + 2xy - y^2$
(3)　$xy' = \sqrt{x^2 + y^2} + y$　(4)　$(3x + 2y - 1)y' = 3x + 2y + 1$

1.4　1階線形常微分方程式

y, y' の 1 次式（線形式）として表される次の形の常微分方程式を **1 階線形常微分方程式**という．

$$y' + P(x)y = Q(x) \tag{1}$$

ここで，$Q(x) = 0$ のときは**斉次**の方程式，そうでないときは**非斉次**の方

程式という．

また，非斉次1階線形常微分方程式 (1) に対して，右辺の $Q(x)$ のところを 0 にした斉次方程式

$$y' + P(x)y = 0 \tag{2}$$

を，(1) に付随する**斉次方程式**という．

斉次方程式は，変数分離形であるから，その解は直ちに求められる．

$$\frac{1}{y}y' = -P(x)$$

$$\therefore \int \frac{1}{y} dy = -\int P(x)dx \qquad \log|y| = -\int P(x)dx + C^\dagger$$

$$\therefore y = \pm e^C \exp\left(-\int P(x)dx\right)$$

ここで，$\pm e^C$ をあらためて C とおく．

$$y = C \exp\left(-\int P(x)dx\right) \tag{3}$$

$C \neq 0$ であるが，$C = 0$ のときは $y = 0$ となり，これも (2) の解であるから，(3) において C は任意の値をとる定数である．

一般の非斉次方程式 (1) の場合，まず付随する斉次方程式 (2) をつくって，その一つの解 $y_0(x)$ をとる．$y_0(x)$ は恒等的に 0 でないものとする．このとき，(3) の解の形から $y_0(x)$ は決して 0 にならない関数である．したがって，x のどのような関数 $y(x)$ も，

$$y(x) = u(x)y_0(x) \tag{4}$$

と書くことができる．ここで $y(x)$ が (1) の解であるとして，$u(x)$ を定めよう．

$y = uy_0$ を (1) に代入し，y_0 が (2) の解であることに注意すると，

---

† 右辺は不定積分の形で，これには任意定数がはいっているので，C は不要なわけだが，式の形を整えるためにあえてつけた．ここでは，不定積分は，「一つの」不定積分，という意味に解釈する．

$$u'y_0 + uy_0' + P(x)uy_0 = Q(x)$$

$$\therefore \quad u'y_0 = Q(x) \qquad \therefore \quad u' = \frac{Q(x)}{y_0(x)}$$

$$\therefore \quad u = \int \frac{Q(x)}{y_0(x)} dx + C$$

これによって，(1) の一般解は，

$$y = Cy_0(x) + y_0(x) \int \frac{Q(x)}{y_0(x)} dx \tag{5}$$

この解法を見ると，非斉次方程式 (1) に対して，付随する斉次方程式の解は，(3) によって $Cy_0(x)$，C は任意定数．この任意定数 C のところを，(4) では x の関数 $u(x)$ でおき直して，この $u(x)$ を求める，というやり方である．このゆえに，この解法を，**定数変化の法**という．

---

1 階線形常微分方程式の解法

$$y' + P(x)y = Q(x) \tag{6}$$

付随する斉次方程式

$$y' + P(x)y = 0 \tag{7}$$

の一つの解 $y_0(x)$ を求める．そして，$y = uy_0$ を (6) に代入して u を求める．

注 (3) と (5) を一つの式にすると，

$$y = \exp^{-\int P(x)dx} \left\{ \int Q(x) \exp^{\int P(x)dx} dx + C \right\}$$

となる．

これを公式として扱っている書物もあるが，本書では，上に枠で囲って示したように，2 段階を踏むようにした．それは，$\int P(x)dx$ の段階で積分定数を入れて，無用の混乱を起こすことのないように，という趣旨からである．ここでは，$\int$ は，不定積分のある一つ，を表すものである．

一般解 (5) において，$C = 0$ として得られる特解 $y_1(x)$ が，

$$y_1(x) = y_0(x) \int \frac{Q(x)}{y_0(x)} dx$$

である．そして，$Cy_0(x)$ は，斉次方程式 (7) の一般解である．

ゆえに，次のことがわかる．

> 線形常微分方程式 (6) の一般解は，その一つの特解と，(6) に付随する斉次方程式 (7) の一般解の和として表される．

例 1　$y' + 2xy = 4x$

付随する斉次方程式は，

$$y' + 2xy = 0$$

この方程式の一般解は

$$\int \frac{1}{y} dx = -2 \int x \, dx \qquad \text{から} \quad y = Ce^{-x^2}$$

定数変化法により，$y = ue^{-x^2}$ とおいてもとの方程式に代入すると，

$$e^{-x^2} u' - u \cdot 2xe^{-x^2} + 2xue^{-x^2} = 4x$$

$$\therefore \quad e^{-x^2} \cdot u' = 4x$$

$$\therefore \quad u' = 4xe^{x^2}$$

これから，

$$u = 2e^{x^2} + C$$

したがって，解は，

$$y = ue^{-x^2} = (2e^{x^2} + C)e^{-x^2} = 2 + Ce^{-x^2} \qquad (C \text{ は任意の定数})$$

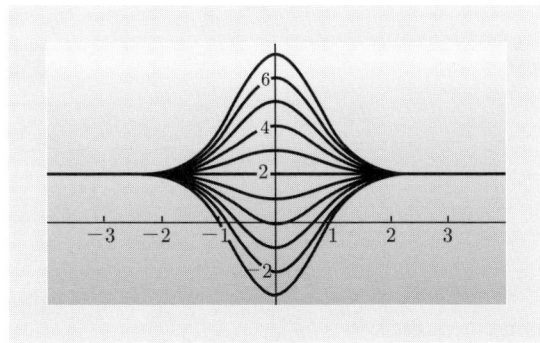

図 1.5

例 2　$y' + y \cot x = 5e^{\cos x}$

この場合，係数の $\cot x$ は $x = n\pi$ $(n = 0, \pm 1, \pm 2, \cdots)$ で不連続であることに注意しなければならない．したがって，微分方程式は，$]0, \pi[,]\pi, 2\pi[, \cdots$ の各区間で，別々に考察されることになる．（もちろん，解は形の上からは同じになるが，下に示す図のように，この各区間で，解は別々になっている．）

付随する斉次方程式は，

$$y' + y \cot x = 0$$

この方程式の一般解は，

$$\int \frac{1}{y} dy = -\int \cot x\, dx = -\int \frac{\cos x}{\sin x} dx$$
$$= -\log|\sin x| + C$$

ゆえに，

$$y = \frac{C}{\sin x}$$

定数変化法により，$y = \dfrac{u}{\sin x}$ とおいてもとの方程式に代入すると，

$$\frac{u'}{\sin x} - \frac{\cos x}{\sin^2 x} u + \frac{u}{\sin x} \cot x = 5e^{\cos x}$$

$$\therefore \quad u' = 5e^{\cos x}\sin x$$

これから，

$$u = -5e^{\cos x} + C$$

したがって，解は，

$$y = \frac{u}{\sin x} = \frac{1}{\sin x}(-5e^{\cos x} + C) \qquad (C は任意の定数)$$

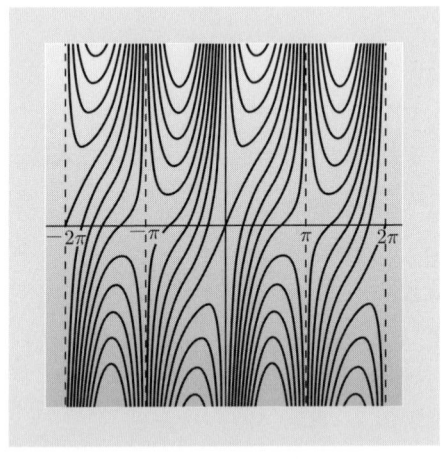

図 1.6

● ベルヌイの微分方程式 ●

1 階線形常微分方程式に容易に帰着できる方程式として，次のものがある．

$$y' + P(x)y = Q(x)y^n \tag{8}$$

ここで，n は任意の実数である．$n = 0$ のときは (6) の形であるし，$n = 1$ のときは，$y' + (P(x) - Q(x))y = 0$ という斉次の方程式である．
以下，$n \neq 0, 1$ とする．

(8) の形の方程式を，一般に**ベルヌイの微分方程式**という．

(8) から,
$$y^{-n}y' + P(x)y^{1-n} = Q(x)$$

であるから,
$$Y = y^{1-n} \tag{9}$$

とおくと,
$$Y' = (1-n)y^{-n}y'$$

となり, したがって (8) は,
$$Y' + (1-n)P(x)Y = (1-n)Q(x) \tag{10}$$

という 1 階線形常微分方程式になる.

したがって, (10) の解を求め, (9) から, $y = Y^{\frac{1}{1-n}}$ であるから, これによって y にもどせば, 微分方程式 (8) の解が得られることになる. なお, $y = 0$ は, $n > 0$ のときはつねに (8) の解である.

例3　$x^2 y' = xy + ay^2$

この方程式は, 次のように変形される.
$$y^{-2}y' - x^{-1}y^{-1} = ax^{-2}$$

$Y = y^{-1}$ とおくと,
$$Y' = -y^{-2}y'$$

したがって, 次の線形常微分方程式を得る.
$$Y' + x^{-1}Y = -ax^{-2} \tag{11}$$

付随する斉次方程式 $Y' + x^{-1}Y = 0$ の解は,
$$Y = \frac{C}{x}$$

ゆえに，(11) の一般解は，

$$Y = \frac{1}{x}\Big(C - a\log|x|\Big)$$

ゆえに，求める解は，

$$y = \frac{x}{C - a\log|x|} \qquad (C \text{ は任意の定数})$$

および

$$y = 0$$

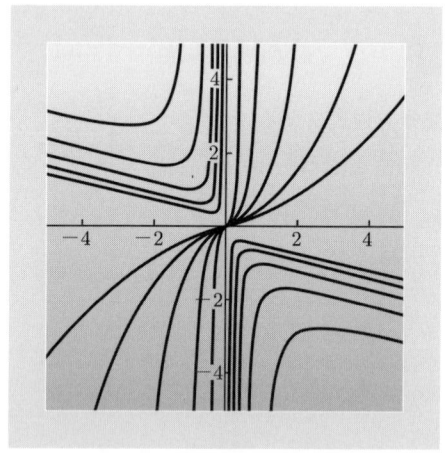

図 **1.7**

問 1 次の常微分方程式の解を求めよ．また，その解を図示せよ．
(1) $y' - 3y = e^{-x}$
(2) $(1 + x^2)y' = x(y + 1)$
(3) $xy' - y = x^2 \sin x$
(4) $\dfrac{dr}{d\theta} + 2r\cot\theta + \sin 2\theta = 0$

問 2 次の常微分方程式の解を求めよ．また，その解を図示せよ．
(1) $y' - y = xy^2$
(2) $xy^2(xy' + y) = a^2$

1.5 全微分方程式

いままで扱った微分方程式は，
$$y' = f(x, y) \tag{1}$$
という形のものであった．
$$y' = \frac{dy}{dx}$$
であるから，ここで分母をはらった形として
$$dy = f(x, y)dx$$
と書くことがある．このようにするメリットは，x, y を同等に扱うことができることであって，すなわち x を y の関数と見れば，(1) は
$$\frac{dx}{dy} = \frac{1}{f(x, y)}$$
と見ることができる．これは，$y = y(x)$ の逆関数 $x = x(y)$ を考え，それに関する微分方程式と見れば当然の式のようであるが，この考え方をおしすすめていくと便利なことも多い．　そこで，一般に，
$$P(x, y)dx + Q(x, y)dy = 0 \tag{2}$$
という形の式を考え，これを**全微分方程式**という．

(2) は，
$$\frac{dy}{dx} = -\frac{P(x, y)}{Q(x, y)} \quad \text{または} \quad \frac{dx}{dy} = -\frac{Q(x, y)}{P(x, y)}$$
として，すでに述べたいろいろな方法を適用すればよいが，もしもある関数 $\Phi(x, y)$ があって，
$$\frac{\partial \Phi(x, y)}{\partial x} = P(x, y), \quad \frac{\partial \Phi(x, y)}{\partial y} = Q(x, y) \tag{3}$$

となっているときは，$\varPhi(x,y)$ の全微分 $d\varPhi(x,y)$ は，

$$d\varPhi(x,y) = \frac{\partial \varPhi(x,y)}{\partial x}dx + \frac{\partial \varPhi(x,y)}{\partial y}dy$$
$$= P(x,y)dx + Q(x,y)dy$$

であるから，(2) は

$$d\varPhi(x,y) = 0 \tag{4}$$

と書くことができ，これから直ちに，

$$\varPhi(x,y) = C \qquad (C \text{ は任意の定数})$$

が解であることが導かれる．

(3) が成り立っているとき，全微分方程式 (2) は**完全微分形**であるという．たとえば，

$$\varPhi(x,y) = x^2 y^3$$

のとき，

$$d\varPhi(x,y) = 2xy^3 dx + 3x^2 y^2 dy$$

である．したがって，

$$2xy^3 dx + 3x^2 y^2 dy = 0 \tag{5}$$

は完全微分形の全微分方程式である．

しかし，これから，xy^2 を因数として除去した

$$2y dx + 3x dy = 0 \tag{6}$$

を考えれば，これはもはや完全微分形でない．それは，(3) が成り立っているときは，$\dfrac{\partial P(x,y)}{\partial y}$ は $\varPhi(x,y)$ を x で微分してから y で微分したものであり，

1.5 全微分方程式

一方 $\dfrac{\partial Q(x,y)}{\partial x}$ は $\Phi(x,y)$ を y で微分してから x で微分したものであり，したがってそれらは等しくなければならない．

$$\dfrac{\partial P(x,y)}{\partial y} = \dfrac{\partial Q(x,y)}{\partial x} \tag{7}$$

しかるに，(6) においてはこのことは成り立たないからである．

したがって，(6) のような全微分方程式が与えられたときは，因数 xy^2 を見いだして，それを乗ずることにより，(5) の形に回復してやることを考えるのは，一つの重要な手段である．

● 積分因子 ●

全微分方程式

$$P(x,y)dx + Q(x,y)dy = 0 \tag{2}$$

に対して，関数 $M(x,y)$ があり，

$$M(x,y)P(x,y)dx + M(x,y)Q(x,y)dy = 0 \tag{8}$$

が完全微分形となるとき，$M(x,y)$ を，(2) の **積分因子** という．

積分因子を見つけることは，一般には容易でないが，それが $x^m y^n$ の形をしているようなときは，(3) が完全微分形であるという条件 (7) を書いて計算することによって求めることができる．

例1 $2ydx + 3xdy = 0$

これは，上で扱ったもので，xy^2 が積分因子であることは既に知っているが，これを直接求めてみよう．

積分因子は $x^m y^n$ の形であると想定し，これを乗ずれば，

$$2x^m y^{n+1} dx + 3x^{m+1} y^n dy = 0 \tag{9}$$

これに，完全微分形の条件 (7) をあてはめると，

$$2(n+1)x^m y^n = 3(m+1)x^m y^n$$

したがって,
$$2(n+1) = 3(m+1) \tag{10}$$

であることが，(9) が完全微分形である条件である．

これを満たす m, n の組はいろいろあるけれども，一組だけ求めて用いればよい．たとえば,
$$m=1, \quad n=2$$

は最も簡単な組であり，したがって積分因子 xy^2 が見いだされた．

この積分因子を乗ずることによって,
$$\Phi(x,y) = x^2 y^3$$

とおけば，与えられた微分方程式は $d\Phi(x,y) = 0$ となり，$\Phi(x,y) = C$，すなわち,
$$x^2 y^3 = C \quad (C \text{ は任意の定数}) \tag{11}$$

が解であることが得られる．

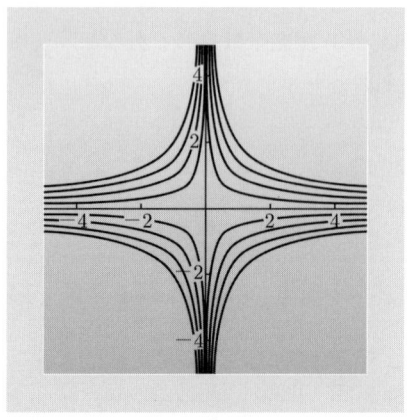

図 1.8

1.5 全微分方程式

注 (10) を満たす他の m, n の組を使った場合，どうなるか調べてみよう．(10) から $\dfrac{m+1}{2} = \dfrac{n+1}{3}$ であるから，この値を p とおけば，

$$(x^2 y^3)^p = x^{m+1} y^{n+1}$$

となり，$\varPhi(x, y) = C$ は (11) と同じ関係になる．

例2 $(y^2 - xy)dx + x^2 dy = 0$

積分因子は $x^m y^n$ の形であるとし，完全微分形の条件を書いてみよう．

$$\frac{\partial}{\partial y}[x^m y^n (y^2 - xy)] = \frac{\partial}{\partial x}[x^{m+2} y^n]$$

すなわち，

$$(n+2)x^m y^{n+1} - (n+1)x^{m+1} y^n = (m+2)x^{m+1} y^n$$

したがって，

$$n + 2 = 0, \quad -(n+1) = m + 2$$

が完全微分形であるための条件となる．これから，

$$m = -1, \quad n = -2$$

そこで，$x^{-1} y^{-2}$ をもとの方程式に乗ずれば，

$$(x^{-1} - y^{-1})dx + xy^{-2} dy = 0$$

ここで，

$$\varPhi(x, y) = \log|x| - xy^{-1}$$

とすれば，

$$d\varPhi(x, y) = 0$$

である．

ゆえに，解は，

$$\Phi(x,y) = \log|x| - xy^{-1} = C \qquad (C \text{ は任意の定数})$$

(1.4 節の例 3 の解と比較してみよ.)

問 1 次の全微分方程式は完全微分形であることをたしかめ, 解を求めよ. また, その解を図示せよ.
(1) $ydx + xdy = 0$
(2) $(3x^2 + 6xy^2)dx + (6x^2y + 4y^2)dy = 0$
(3) $(3e^{3x}y - 2x)dx + e^{3x}dy = 0$
(4) $(\cos y + y\cos x)dx + (\sin x - x\sin y)dy = 0$

問 2 次の全微分方程式に対して, 積分因子を見いだすことにより解を求めよ. また, その解を図示せよ.
(1) $(x^2 + y^2 + x)dx + xydy = 0$ (2) $ydx + (x^2y^2 + x)dy = 0$
(3) $(2xy^4e^y + 2xy^3 + y)dx + (x^2y^4e^y - x^2y^2 - 3x)dy = 0$
(4) $\sin 2y \cdot dx + \sin 2x \cdot dy = 0$

1.6 変数の変換

前の節のはじめに, 微分方程式

$$y' = f(x,y)$$

を,

$$f(x,y)dx - dy = 0$$

と全微分方程式の形にするメリットは, y を x の関数と見るのと同時に, x を y の関数と見ることができることだと述べた.

この考えをおしすすめるならば, さらに x, y を他の変数の関数として変換していくことも考えられる. そのように変換することにより解が求められる微分方程式も多い. 同次形の方程式は, そのようなものの一つであった.

例 1 $y' = \dfrac{4x^3y}{x^4 + y^2}$

1.6 変数の変換

x を y の関数と考えると，$\dfrac{dx}{dy} = \dfrac{1}{\dfrac{dy}{dx}}$ だから，

$$\frac{dx}{dy} = \frac{x^4 + y^2}{4x^3 y} = \frac{1}{4y}x + \frac{y}{4}x^{-3}$$

これは，x に関して，ベルヌイの微分方程式であるから，$x^4 = u$ とおくと，

$$\frac{du}{dy} = 4x^3 \frac{dx}{dy} = \frac{1}{y}x^4 + y = \frac{1}{y}u + y$$

という線形常微分方程式となり，その解は，

$$u = Cy + y^2 \qquad (C \text{ は任意の定数})$$

と求められる．

ゆえに，もとの微分方程式の一般解は，

$$x^4 = Cy + y^2 \qquad (C \text{ は任意の定数})$$

および

$$y = 0$$

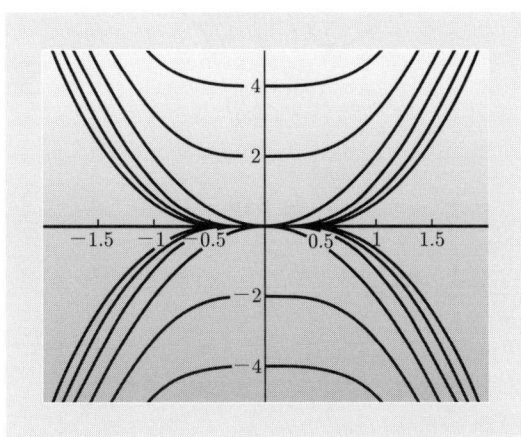

図 **1.9**

例 2 $y' = \dfrac{1 - xy + x^2 y^2}{x^2 - x^3 y}$

$xy = u$ とおくと，$u' = xy' + y$ だから，

$$u' = xy' + y = \frac{1 - xy + x^2 y^2}{x - x^2 y} + y = \frac{1}{x - x^2 y} = \frac{1}{x(1-u)}$$

$$\therefore \int (1-u)du = \int \frac{1}{x}dx$$

これから，

$$(u-1)^2 = -2\log|x| + C \qquad (C \text{ は任意の定数})$$

したがって変数をもとにもどして，解は，

$$(xy-1)^2 = -2\log|x| + C \qquad (C \text{ は任意の定数})$$

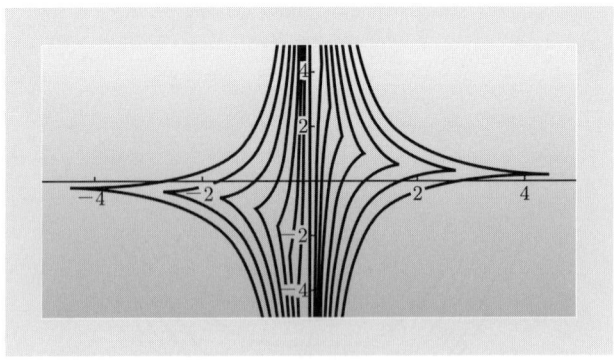

図 1.10

問 次の微分方程式の解を求めよ．また，その解を図示せよ．
(1) $(xy+1)y' + y = 0$
(2) $y' = \tan^2(x+y)$
(3) $(2x^2 + 3y^2 - 7)xdx - (3x^2 + 2y^2 - 8)ydy = 0$
(4) $y' - e^{x-y} + e^x = 0$

1.7 解曲線

いままで，常微分方程式

$$y' = f(x, y) \tag{1}$$

の解に対して，一般解を求め，それを図に示してきた．

すなわち，

$$y = y(x, C) \tag{2}$$

を一般解とすると，この C に一つの値を付与することにより，(1) の一つの解——**特解**——が定まり，これをグラフに表示したのである．その一つ一つの曲線を**解曲線**という．

一つの曲線に対して，y' は，その点における接線の傾きを表している．

したがって，微分方程式 (1) は，xy 平面の各点において接線の傾きを与える式で，解

$$y = y(x)$$

というのは，このグラフの曲線上の各点において，接線が与えられた傾きをもつ曲線となるような関数という意味である．それゆえに，解曲線というのは，微分方程式 (1) によって与えられた**方向場**に，各点において接する曲線である，ということができる．

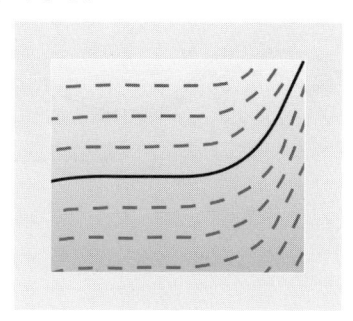

図 1.11

そこで，微分方程式の解をグラフの上で求めていくことができる．以下に例を示すが，これを実行するには，

$$f(x, y) = 一定 \tag{3}$$

という曲線をえがいてみるのが便利である．この曲線に沿っては方向場は同じ方向を向いているので，この曲線を**等傾斜線**という．

例1 $y' = \cos x - y$

等傾斜線と解を図に示した．この方程式は1階線形常微分方程式だから，その一般解は，

$$y = \frac{1}{2}(\cos x + \sin x) + Ce^{-x} \quad (C \text{は任意の定数})$$

と容易に求められる．これにより，方向場と解曲線の関係を見てとることができる．

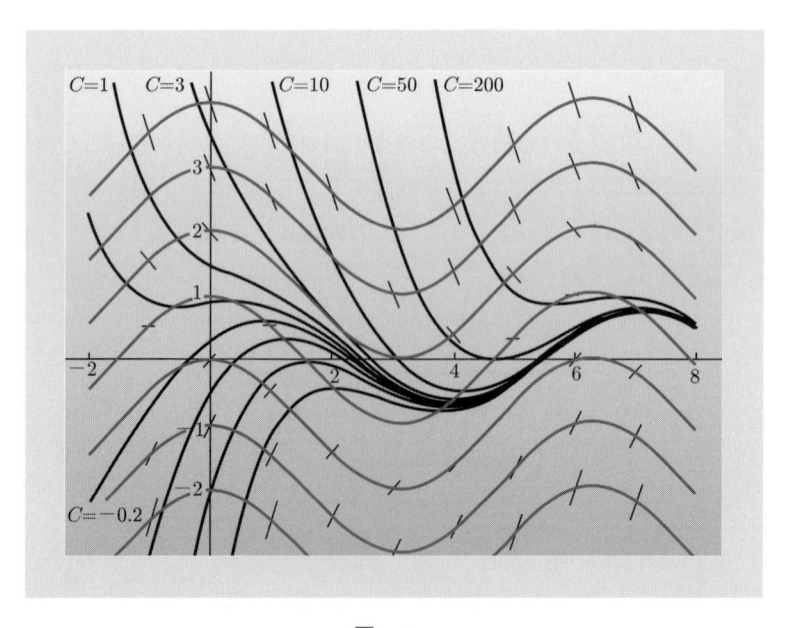

図 1.12

1.7 解曲線

例2 $y' = x^2 - y^2$

この微分方程式は，リッカティの微分方程式といい，われわれが今までに学んでいる関数では解を表示できないことが知られている

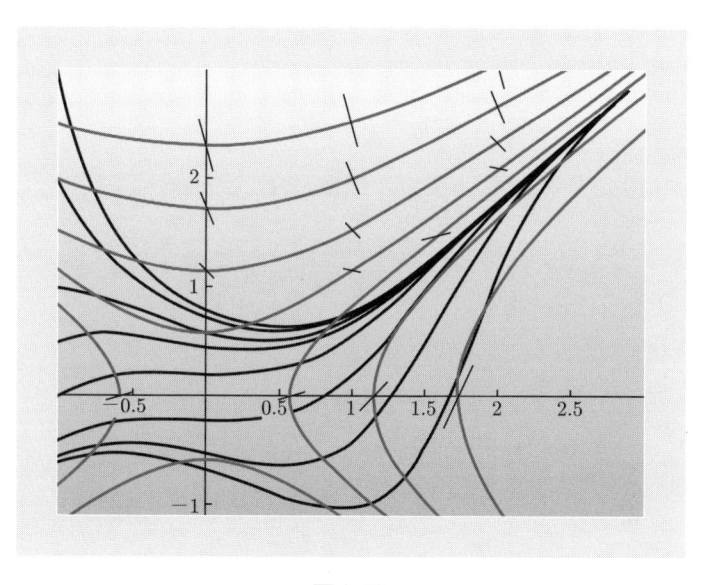

そこで，この微分方程式の解のことを調べるためには，さらに発展した手段を求めることが必要となる．そのための一つの方法は，グラフ的に解を追求することである．

図 1.13

この，グラフ的な方法では，解の概略の形しか知ることができないが，もっと精密に行うには，付章に述べる数値的解法がある．

1.8 曲線群と包絡線

微分方程式の一般解は一つの任意定数 C を含み，この C に一つの値を与えるごとに一つの曲線が得られ，したがって，それらの全体として，曲線群が定まる．

逆の見方をすれば，一つの任意定数を含む x の関数

$$y = g(x, C)$$

があるとき，これと，

$$y' = g'(x, C)$$

から C を消去した結果が，与えられた微分方程式

$$y' = f(x, y)$$

である，ということである．

たとえば，

$$y = Cx^2 \quad (C \text{ は任意の定数}) \tag{1}$$

は一つの放物線群を与えるが，これから，

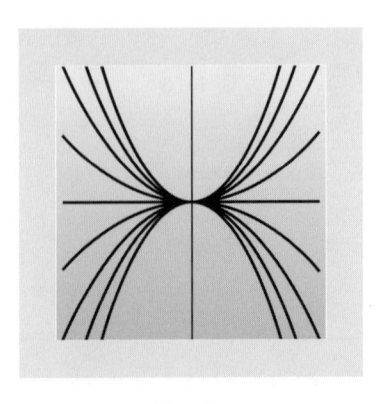

図 1.14

1.8 曲線群と包絡線

$$y' = 2Cx \tag{2}$$

が得られ，(1), (2) から C を消去すれば，

$$xy' = 2y$$

という微分方程式が導かれる．これの一般解が (1) である．

次に，放物線

$$y = x^2 \tag{3}$$

を考え，その上の点 (C, C^2) における接線

$$y = 2Cx - C^2 \tag{4}$$

の全体のつくる直線群の満たす微分方程式をつくる．$y' = 2C$ であるから，(4) から C を消去して，

$$y = xy' - \left(\frac{y'}{2}\right)^2 \tag{5}$$

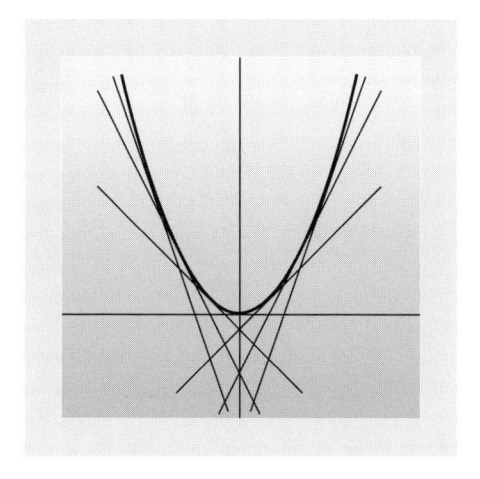

図 1.15

が，この微分方程式である．

微分方程式 (5) の一般解は (4) であるが，実は，関数 (3) もこの微分方程式を満たしていることは容易にたしかめられる．

(4) は，放物線の各点において引いた接線である．すなわち，直線 (4) が曲線 (3) と共有する点では，x, y, y' の値は同じになるから，どちらも (5) を満たすわけである．

● 包絡線 ●

パラメター α によってきまる曲線

$$C_\alpha : g(x, y, \alpha) = 0 \tag{6}$$

の群があり，これに対して，別に曲線

$$C : G(x, y) = 0 \tag{7}$$

があって，C と C_α が共有する点においてはつねに両方が同じ接線をもっているとき，C を曲線群 C_α の**包絡線**という．

曲線群の式 (6) から，その包絡線の式 (7) を求めるには，$g(x, y, \alpha)$ を α について偏微分したものを $g_\alpha(x, y, \alpha)$ として，

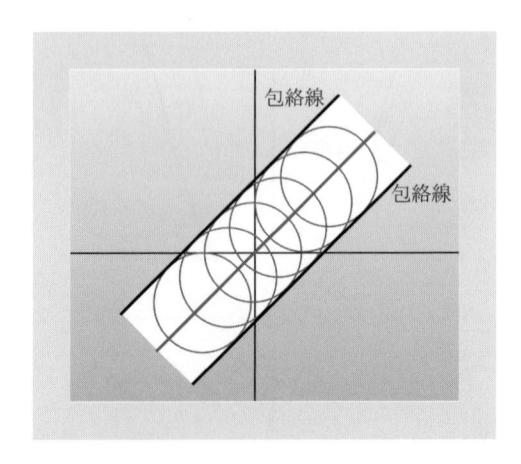

図 1.16

1.8 曲線群と包絡線

$$g(x,y,\alpha) = 0, \quad g_\alpha(x,y,\alpha) = 0$$

から α を消去すればよい．(このとき，包絡線でないものも含まれることがあるので，吟味は必要である．)

例1 曲線群

$$y(y-p)^2 = (x-\alpha)^2 \qquad (\alpha \text{ はパラメータ，} p \text{ は定数})$$

の包絡線

$$g(x,y,\alpha) = y(y-p)^2 - (x-\alpha)^2$$

とすれば，

$$g_\alpha(x,y,\alpha) = 2(x-\alpha)$$

であるから，$g(x,y,\alpha) = 0$, $g_\alpha(x,y,\alpha) = 0$ から α を消去すれば，$y = 0$ および $y = p$ が得られる．

$p = -1, 0, 1$ のときの図を，下に与える．

図からわかるように，$p \neq 0$ のとき，$y = 0$ は包絡線である．しかし，$y = p$ は包絡線ではない．(特異点の集合となる．)

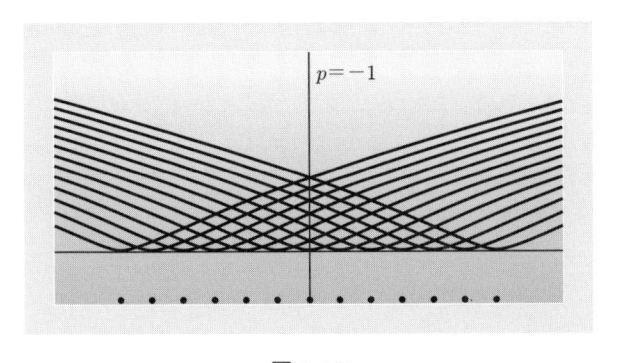

図 1.17

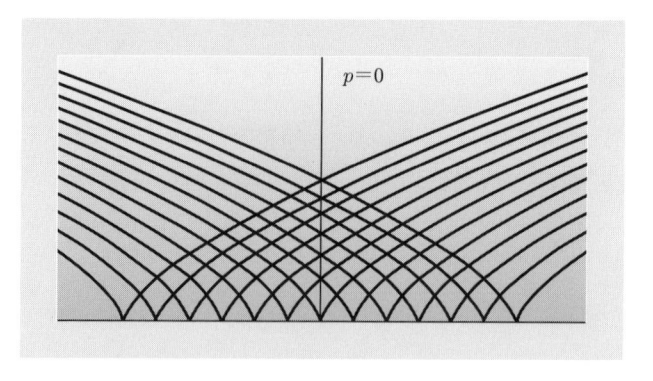

図 1.18

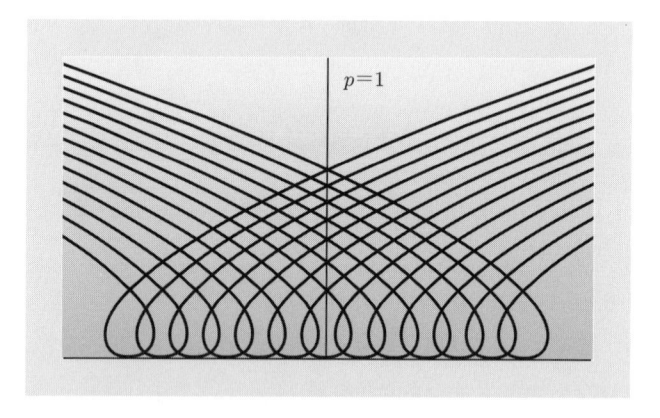

図 1.19

問　次の曲線群の包絡線を求めよ．また，図をえがいて，包絡線であることことをたしかめよ．
(1)　$(x-\alpha)^2 + y^2 = 1$
(2)　$x\cos\alpha + y\sin\alpha = 1$
(3)　$\dfrac{x}{\cos\alpha} + \dfrac{y}{\sin\alpha} = 1$
(4)　$y = \alpha x + \dfrac{x}{\alpha}$

1.9 特異解，クレーローの微分方程式

微分方程式の一般解に対して，それから得られる曲線群が包絡線をもてば，それはまた微分方程式の一つの解になる．このような解を，微分方程式の**特異解**という．

例1 $xy'^2 - 2yy' + x = 0$

これを y' についての2次方程式と見て y' を求めると，

$$y' = \frac{y \pm \sqrt{y^2 - x^2}}{x} = \frac{y}{x} \pm \sqrt{\left(\frac{y}{x}\right)^2 - 1}$$

これは同次形の微分方程式である．

一般解

$$y = \frac{1}{2}\left(Cx^2 + \frac{1}{C}\right) \qquad (C \text{ は任意の定数})$$

特異解を求めるために，これを C で偏微分すると，

$$\frac{1}{2}\left(x^2 - \frac{1}{C^2}\right) = 0$$

となるから，

$$y = \frac{1}{2}\left(Cx^2 + \frac{1}{C}\right)$$

$$x^2 - \frac{1}{C^2} = 0$$

から C を消去する．

ゆえに，特異解は，

$$y = \pm x$$

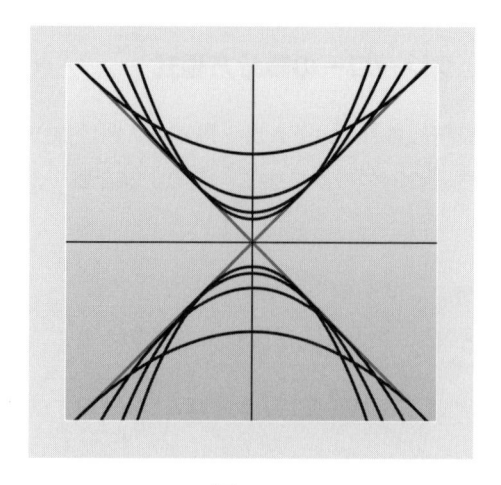

図 1.20

特異解を有する微分方程式の一つの型として,次の形の微分方程式がある.

$$y = xy' + g(y') \tag{1}$$

この形の微分方程式を,**クレーローの微分方程式**という.

いま,(1) で,$y' = C$ (C は定数) とおいてみると,

$$y = Cx + g(C) \tag{2}$$

となり,(2) では $y' = C$ だから,これは (1) の解であることになる.ゆえに,(2) は (1) の一般解である.

直線群 (2) の包絡線を求めれば,これが特異解となる.(図 1.21 参照)

例 2 $y = xy' + y'^2$

一般解は

$$y = Cx + C^2 \quad (C \text{ は任意の定数})$$

特異解を求めるために,両辺を C で偏微分すると $x + 2C = 0$ となるから,

$$y = Cx + C^2, \quad x + 2C = 0$$

から C を消去する．

ゆえに，特異解は，
$$y = -\frac{1}{4}x^2 \qquad \blacksquare$$

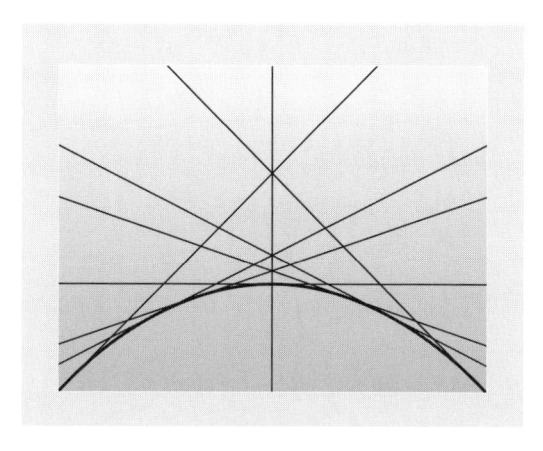

図 1.21

問 次の微分方程式の一般解および特異解を求めよ．また，その解を図示せよ．

(1) $x + y' = 2y + y'^2$ (2) $yy'^2 - 2xy' + y = 0$

(3) $y = xy' + \sqrt{1 + y'^2}$ (4) $y = xy' + \dfrac{y'}{\sqrt{1 + y'^2}}$

1.10 簡単な 2 階常微分方程式

いままで扱ってきたのは，x, y, y' のみを含む微分方程式であった．このようなものは **1 階常微分方程式**と呼ばれる．

x, y, y', y'' の式として表される微分方程式を **2 階常微分方程式**という．ニュートンの運動方程式が，加速度，したがって，2 階の導関数を含む方程式であるので，2 階常微分方程式は，古くから登場し，考察されてきた．しかし，1 階常微分方程式でも，今まで見てきたように，解を直接表示できるのはごく限られたもののみである．まして 2 階常微分方程式となると，解の直接表示

はさらに困難となり，あまり有効な手段はない．

この節では，x, y, y', のどれかを欠くものについて，解法を調べておこう．

[1]　　$y'' = f(x)$

これは通常の積分の問題である．$x = a$ のとき $y = b, y' = c$ となる解を求めるとすれば，

$$y' = c + \int_a^x f(t)dt$$

$$\begin{aligned}y &= b + c(x-a) + \int_a^x \left(\int_a^u f(t)dt\right)du \\ &= b + c(x-a) + \left[u\int_a^u f(t)dt\right]_{u=a}^{u=x} - \int_a^x uf(u)du \\ &= b + c(x-a) + \int_a^x (x-t)f(t)dt\end{aligned}$$

[2]　　$F(x, y', y'') = 0$　　　　（y を含まない）

$u = y'$ として，1 階常微分方程式 $F(x, u, u') = 0$ が解ければよい．

[3]　　$F(y, y', y'') = 0$　　　　（x を含まない）

y を基礎の変数にとり，y' を未知関数と考えて u とおくと，

$$y'' = \frac{dy'}{dx} = \frac{du}{dy}\frac{dy}{dx} = u\frac{du}{dy}$$

であるから，方程式は

$$F\left(y, u, u\frac{du}{dy}\right) = 0$$

となり，これから u が y の関数として $u = u(y)$ と求められれば，

$$y' = u(y) \quad \therefore \quad \frac{dx}{dy} = \frac{1}{u(y)}$$

$$\therefore \quad \int \frac{1}{u(y)}dy = x + C$$

として解を求めることができる．

[4]　$y'' = f(y)$ 　　　　　　　　　　　　　　　　　　　(1)

このときは，y' を両辺に乗ずると，

$$y'y'' = f(y)y' \tag{2}$$

したがって，

$$F(y) = \int f(y)dy$$

とすれば，$(F(y))' = f(y)y'$ だから，(2) は

$$\frac{1}{2}y'^2 = F(y) + C_1 \tag{3}$$

を x について微分したものになっている．

(3) を y' について解いて積分すれば，(1) の解が求められる．ただし，通常は平方根に開いたとき，(3) の右辺から厄介な関数が出てくる．

一つの方法として，$y' = z$ とおくと，

$$z^2 = 2F(y) + C_2 \tag{4}$$

$$z' = f(y)$$

を得るので，ここで (4) から y を求めて $f(y)$ に代入して右辺を z の関数とし，この積分ができれば，これによって解を求めることもできる．

例 1　$(1+x^2)y'' + 1 + y'^2 = 0$

$y' = u$ とおく．そうすると方程式は，

$$(1+x^2)u' + 1 + u^2 = 0$$

$$\therefore \int \frac{1}{1+u^2}du = -\int \frac{1}{1+x^2}dx$$

$$\therefore \tan^{-1}u = -\tan^{-1}x + C_1$$

$$\therefore \quad u = \tan(-\tan^{-1} x + C_1) = \frac{\tan C_1 - x}{1 + \tan C_1 \cdot x}$$

およびここで $\tan C_1 \to \infty$ として得られる $u = \dfrac{1}{x}$.

$\dfrac{1}{\tan C_1}$ をあらためて C_1 とすれば,

$$y' = \frac{1 - C_1 x}{C_1 + x}, \quad \text{および} \quad y' = -x$$

ゆえに, 解は,

$$y = \int \frac{1 - C_1 x}{C_1 + x} dx = \int \left\{ (1 + C_1^2) \frac{1}{C_1 + x} - C_1 \right\} dx$$
$$= (1 + C_1^2) \log|x + C_1| - C_1 x + C_2 \quad (C_1, C_2 \text{ は任意の定数})$$

および,

$$y = -\frac{1}{2} x^2 + C_2 \quad (C_2 \text{ は任意の定数})$$

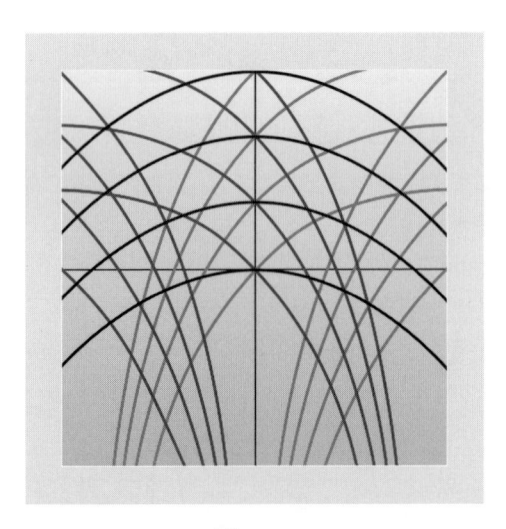

図 1.22

1.10 簡単な2階常微分方程式

例2 $ay'' = (1+y'^2)^{3/2}$

$y' = u$ とおく.

$$y'' = \frac{dy'}{dx} = \frac{du}{dy}\frac{dy}{dx} = u\frac{du}{dy}$$

であるから,

$$au\frac{du}{dy} = (1+u^2)^{3/2}$$

$$\therefore \quad \int \frac{u}{(1+u^2)^{3/2}}du = \frac{1}{a}\int dy$$

$$\therefore \quad \frac{1}{(1+u^2)^{1/2}} = -\frac{1}{a}(y+C_1)$$

$$\therefore \quad 1+y'^2 = \frac{a^2}{(y+C_1)^2} \qquad \therefore \quad y' = \pm\sqrt{\frac{a^2}{(y+C_1)^2} - 1}$$

$$\therefore \quad \int \frac{y+C_1}{\sqrt{a^2 - (y+C_1)^2}}dy = \pm\int dx$$

$$\therefore \quad \sqrt{a^2 - (y+C_1)^2} = \pm x + C_2$$

したがって解は,

$$(x+C_2)^2 + (y+C_1)^2 = a^2 \qquad \blacksquare$$

$\dfrac{y''}{(1+y'^2)^{3/2}}$ は,曲線の曲率と称せられるものであり,上記のことは,曲率が一定の曲線は円であるということを示している.

例3 $2y'' = e^y$

y' を乗じて積分すれば,

$$(y')^2 = e^y + C_1$$

いま,$y' = z$ とおくと,

$$z^2 = e^y + C_1$$

$$2z' = e^y = z^2 - C_1$$

ゆえに,

$$\frac{2}{z^2 - C_1} z' = 1 \tag{5}$$

$C_1 > 0$ のときは, C_1 のかわりに C_1^2 とおくと,

$$\frac{2}{z^2 - C_1^2} = \frac{1}{C_1}\left(\frac{1}{z - C_1} - \frac{1}{z + C_1}\right)$$

から, (5) を積分すれば,

$$\frac{1}{C_1}\log\left|\frac{z - C_1}{z + C_1}\right| = x + C_2$$

ゆえに,

$$\log\frac{\sqrt{e^y + C_1^2} - C_1}{\sqrt{e^y + C_1^2} + C_1} = C_1 x + C_2 \tag{6}$$

$C_1 < 0$ のときは, C_1 のかわりに $-C_1^2$ とおくと, (5) は,

$$\frac{2}{z^2 + C_1^2} z' = 1$$

となり, これを積分すれば,

$$\frac{2}{C_1}\tan^{-1}\frac{z}{C_1} = x + C_2$$

ゆえに,

$$e^y - C_1^2 = C_1^2 \tan^2\left(\frac{C_1}{2}x + C_3\right)$$

$$\therefore \quad e^y = C_1^2 \sec^2\left(\frac{C_1}{2}x + C_3\right) \tag{7}$$

よって, 解は (6) と (7) をまとめたものとなる.

1.10 簡単な2階常微分方程式

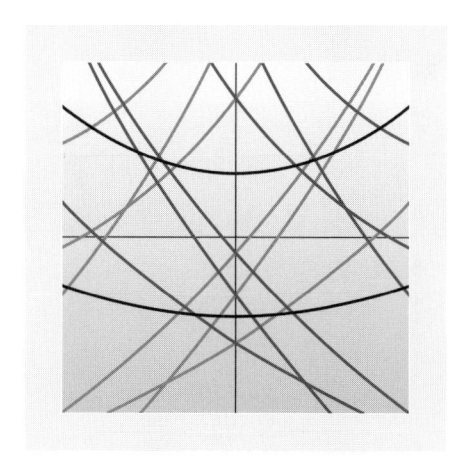

図 1.23

問 次の微分方程式の解を求めよ．また，その解を図示せよ．

(1) $y' + \dfrac{(y'')^2}{4} = xy''$ (2) $xy'' = y' + x^2 y'^3$

(3) $yy'' + y'^2 = 1$ (4) $(1+y^2)y'' = 2yy'^2$

(5) $y'' - y + 6 = 0$ (6) $\sqrt{y}\, y'' = 1$

付記 図 1.22，図 1.23 はごちゃごちゃした図で，あまり意味ないように見える．ここでは，次のことを読み取ってもらいたい．

すなわち，これまで見てきた1階の常微分方程式では，初期値を指定すると，そこを通る解は，ただ一つ定まった．すなわち，平面上の各点を通る解曲線はただ一つだけあり，そのようなもので平面は埋められていた．

これに対して，2階の常微分方程式では，初期値 y のみならず，そこでの微分係数の値 y' も任意に指定できる．ということは，平面上の各点を通る解曲線は，そこでの方向が任意に定められるということである．このことを図 1.22，図 1.23 から見てとってほしい．

解曲線がある一点で交わっているときは，そこでは，いろいろな方向からの曲線が交わっている．もちろん，ここに示した図では，解曲線はとびとびにしか描かれていないのであるけれども，この点の周りは，解曲線で埋められているのである．このことは，平面上のすべての点で起こっている．

1.11 初 期 条 件

われわれが微分方程式の解を必要とするときは，何か実用上の問題があって，それを解決するために，その解を用いるのである．

いままでは微分方程式の一般解を求めることを追求してきたが，実際的な問題では，はじめにある状況が与えられていて，それに見あう解が要求されることが多い．

たとえば，1 階常微分方程式

$$y' = f(x, y)$$

では，

$$x = a \quad \text{のとき}, \quad y = b \quad \text{となる解}$$

を求めることが要求される．この条件を**初期条件**という．

2 階常微分方程式では，初期条件は，

$$x = a \quad \text{のとき}, \quad y = b, y' = c$$

として与えられる．

いままで，一般解を求めてきたが，それは，任意に与えられた初期条件に関して，一般解の中の任意の定数 C にある値を与えることによって，その初期条件を満たすようにすることができるというものである．

次の章では，微分方程式の応用と関連して，これらのことがはっきりするであろう．

第 2 章
微分方程式の応用

2.1 図形的問題への応用 (1)

微分積分法が発見され，研究されるようになった動機の一つは，接線，法線などの関係する図形的諸問題を解決しようということであった．このような問題を数学的に式表示すると，それは微分方程式となり，その解として図形が定まる，ということである．

例1 平面上の点 P に対し，原点 O から P に至るベクトル $\overrightarrow{OP}$ を動径という．

曲線上の各点における接線が，その点への動径とつねに直交するような曲線．いま，求める曲線を，

$$y = f(x)$$

とする．この曲線上の点 $P(x, y)$ における接線の傾きは y'．動径 $\overrightarrow{OP}$ の傾きは $\dfrac{y}{x}$．したがって，接線と動径が直交することから，

$$y' \cdot \frac{y}{x} = -1$$

である．すなわち，一つの微分方程式が得られた．

これを解けば，

$$x^2 + y^2 = C \quad （C \text{ は任意の正の定数}）$$

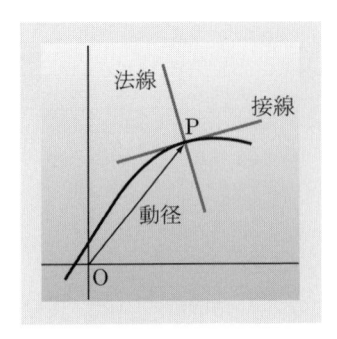

これによって，原点を中心とする円群が，所要の性質をもったものであることがわかる． ▨

図 2.1

図 2.2

図 2.3 において，次のようによぶ．

接線の長さ ＝ PT　　（T は接線が x 軸と交わる点）

法線の長さ ＝ PN　　（N は法線が x 軸と交わる点）

接線影　　 ＝ TH　　（H は P から x 軸に引いた垂線の足）

法線影　　 ＝ NH

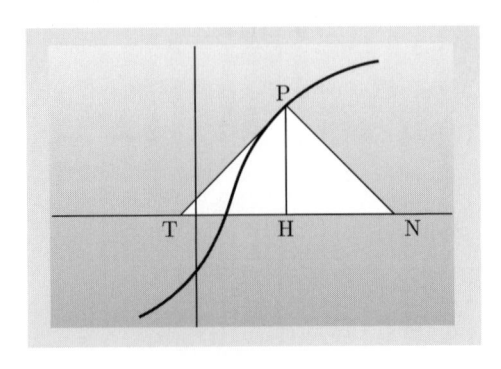

図 2.3

例2 接線の長さが一定の曲線.

一般に（図 2.3 参照）
$$\mathrm{PH} = y = y' \cdot \mathrm{TH}$$
であるから，
$$\mathrm{PT}^2 = \mathrm{PH}^2 + \mathrm{TH}^2 = y^2 + \frac{y^2}{y'^2}$$
ゆえに，一定の長さを a とすれば，
$$y^2 + \frac{y^2}{y'^2} = a^2$$

いま，$y = f(x)$ から，逆に x を y の関数と見て $x = g(y)$ とし，x の y に関する導関数をまた x' で表すことにすれば，
$$x' = \frac{1}{y'}$$
ゆえに，
$$y^2 + y^2 x'^2 = a^2$$
$$\therefore \quad x' = \pm \frac{\sqrt{a^2 - y^2}}{y}$$

積分 $\int \dfrac{\sqrt{a^2 - y^2}}{y} dy$ を求めるために，$a^2 - y^2 = u^2$ とおくと，

$-2y dy = 2u du$　したがって，$\dfrac{1}{y} dy = -\dfrac{u}{y^2} du = -\dfrac{u}{a^2 - u^2} du$

であるから，
$$\int \frac{\sqrt{a^2 - y^2}}{y} dy = -\int \frac{u^2}{a^2 - u^2} du$$
$$= \int \left(1 - \frac{a^2}{a^2 - u^2}\right) du$$
$$= u - \frac{a}{2} \log \left|\frac{a + u}{a - u}\right|$$
$$= u - \frac{a}{2} \log \frac{(a + u)^2}{a^2 - u^2}$$
$$= \sqrt{a^2 - y^2} - a \log \left|\frac{a + \sqrt{a^2 - y^2}}{y}\right|$$

ゆえに，解は，

$$x = \pm \left(\sqrt{a^2 - y^2} - a \log \left| \frac{a + \sqrt{a^2 - y^2}}{y} \right| \right) + C \qquad (C は任意の定数)$$

これは，図 2.4 に示した曲線を左右にずらせたもの（および x 軸に対称にしたもの）となる．この曲線を**追跡線**（**トラクトリックス**）という．

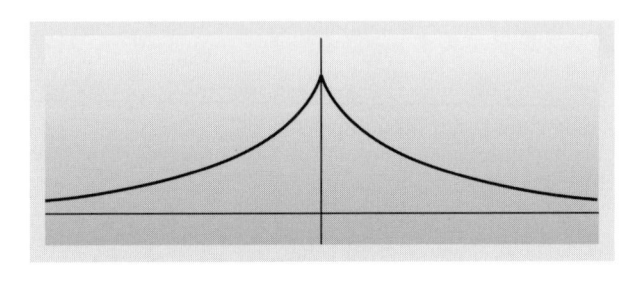

水上スキーで，モーターボートが直線上を走るとき，このボートにひっぱられてこの直線上にない位置から出発した水上スキーヤーが水面にえがく曲線はこれである．

図 2.4

問 次の曲線を定めよ．
(1) 接線影の長さが一定．
(2) 法線影の長さが一定．
(3) 曲線上の点における法線と，この点を原点と結ぶ直線と，x 軸とでできる三角形が，つねに x 軸を底辺とする二等辺三角形であるような曲線．
(4) 曲線上の点 P における接線の y 接片と，接線が y 軸と交わる点 T_y までの長さ PT_y がつねに等しいような曲線．

2.2 図形的問題への応用 (2)

二つの曲線 C_1, C_2 が交わるとき，その交点 P におけるそれぞれの曲線への接線が互いに直交するとき，二つの曲線は**直交する**という．

われわれは，通常直交座標系を用いている．これは，互いに直角に交わる2系の平行直線群を用いた座標系である．これをもっと一般的にして，互いに直角に交わる2系の曲線群を用いることが考えられる．これを**直交曲線座標系**という．

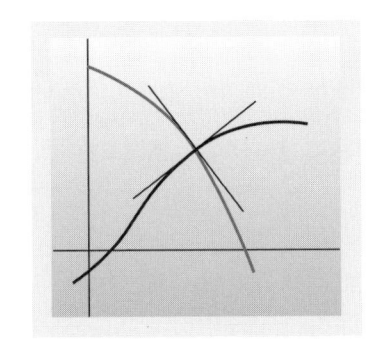

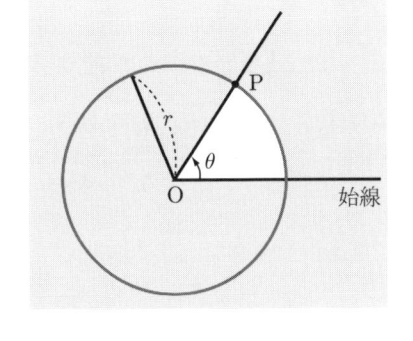

図 2.5　　　　　　　　　　図 2.6

このような曲線座標系のうちで，よく登場するのは**極座標系**である．これは，座標曲線として，原点を中心とする円と，原点から出る半直線を用いたものであり，それによる点 P の座標は (r,θ) と表される．r は原点からの距離，したがって，原点を中心とし点 P を通る円の半径である．そして，原点から出る半直線を一つ固定して**始線**とよび，半直線 OP がこの始線となす角を θ とする．θ は 2π の整数倍を加えても点の位置は変わらないので一意的には定まらないが，解析学では，点を連続的に見て追っていくのであるから，その際 θ は連続的に変化するようにとればよく，一意的に定まらないということは別に障害にはならない．それよりも，たとえば点が原点のまわりを一回転すれば θ の値は 2π だけ増加（または減少）するというように，θ の値によって点の動きがわかるので，便利なことのほうが多い．

極座標系に対して，いま，始線を x 軸の正の部分とする直交座標系 x, y をとれば，

$$\text{P の極座標 } (r, \theta) \iff \text{P の } xy \text{ 座標 } (r\cos\theta,\ r\sin\theta)$$

となっていることは，直ちに認められる．

もとにもどって，曲線座標系を定めるには，一系の曲線群が与えられたとき，これに直交する曲線群を定めることが問題になる．このあとの曲線群を，前の曲線群の**直交切線**という．

例1 共焦点楕円群の直交切線．

$$\text{楕円} \quad \frac{x^2}{a^2} + \frac{y^2}{b^2} = 1 \qquad (a > b > 0) \tag{1}$$

の焦点は，$(\pm\sqrt{a^2 - b^2}, 0)$ である．したがって，焦点が同じ楕円というのは，

$$a^2 - b^2 = k^2, \quad k \text{ は定数} \tag{2}$$

というものである．

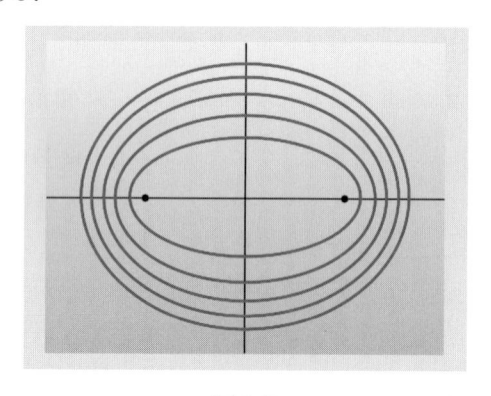

図 2.7

まず，この楕円群の満たす微分方程式を求めてみよう．それには，(1) から

$$\frac{2x}{a^2} + \frac{2y}{b^2}y' = 0 \tag{3}$$

2.2 図形的問題への応用 (2)

が得られるので，これと (1) から，(2) を用いて a, b を消去すればよい．

(3) から，
$$\frac{yy'}{b^2} = -\frac{x}{a^2}$$

これを (1) に代入すれば，
$$\frac{x^2}{a^2} - \frac{x}{a^2}\frac{y}{y'} = 1$$

ゆえに，
$$a^2 = x^2 - \frac{xy}{y'}$$

同じく (1) に代入して，
$$-\frac{xyy'}{b^2} + \frac{y^2}{b^2} = 1$$

ゆえに，
$$b^2 = y^2 - xyy'$$

これと (2) によって，
$$k^2 = a^2 - b^2 = \left(x^2 - \frac{xy}{y'}\right) - (y^2 - xyy')$$
$$= x^2 - y^2 - \frac{xy}{y'} + xyy'$$

すなわち，
$$x^2 - y^2 - \frac{xy}{y'} + xyy' = k^2 \tag{4}$$

これが，共焦点楕円群が満たす微分方程式である．

これに直交する曲線を求めるのであるが，接線の傾き y' に対して，これに直交する傾きは $-\dfrac{1}{y'}$ であるから，y' を $-\dfrac{1}{y'}$ でおきかえれば直交切線の方程式が得られることになる．

(4) にこの変形を行えば，(4) と全く同じ式になることが直ちに認められる．このことは，次のように解釈される．

(1) で分母が a^2, b^2 と正の数であることは,以上の変形の過程で用いていない.ただ, $a^2 = b^2 + k^2$ という関係があるだけである.そこで,これらを A, B でおきかえて,

$$\frac{x^2}{A} + \frac{y^2}{B} = 1, \quad A - B = k^2 \tag{5}$$

としても,全く同じことになる.(5) の形では, B は負の数であってもよい.したがって,双曲線

$$\frac{x^2}{a^2} - \frac{y^2}{b^2} = 1, \quad a^2 + b^2 = k^2 \tag{6}$$

も同じ方程式を満たしている.そしてこれが, (1) の直交切線となっている.この双曲線の焦点は $(\pm\sqrt{a^2+b^2}, 0)$ であり,したがって直交切線は, (1) と同じ焦点をもつ共焦点双曲線群である.

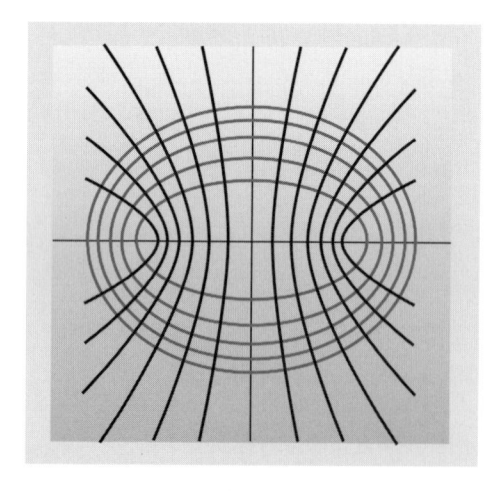

図 **2.8**

問　次の曲線群の直交切線を求めよ.
(1)　双曲線群　$xy = C$　　（C は任意の定数）
(2)　曲線群　$y = Ce^{-x}$　　（C は任意の定数）

2.3 力学の問題への応用 (1)

ニュートンの運動の第二法則は,

$$m\frac{d^2x}{dt^2} = f(x,t) \tag{1}$$

と書くことができる．ここで，物体は x 軸上を運動し，その質量は m であり，時刻 t で x の位置にある物体にかかる力が $f(x,t)$ であるとする．ここでは，直線上を運動する物体について述べるが，平面内，あるいは空間内では，x 成分，y 成分および z 成分のおのおのについて (1) という式を用いればよいのである．もちろんそのとき，右辺は $f(x,y,t)$ あるいは $f(x,y,z,t)$ という形になるけれども．

ニュートンが，このように運動の問題を形式化して以来，微分方程式は運動学との関連において重要なものとなり，研究が進展したのである．以下，時刻に関する導関数は，ニュートンの記法で，

$$\dot{x} \quad \left(=\frac{dx}{dt}\right), \quad \ddot{x} \quad \left(=\frac{d^2x}{dt^2}\right)$$

と記すことにする．

例1 重力の作用のみをうけて運動する物体．

質量 m の物体を重力のみの作用で落下させるとき，重力による加速度を g とすれば，物体の動く鉛直線を x 軸（下向きにとる）とするとき，

$$m\ddot{x} = mg$$

となる．

この解は，

$$x = \frac{1}{2}gt^2 + v_0 t + x_0$$

図 2.9   図 2.10

である．ここで，落下しはじめる時刻を $t=0$ とし，そのときの物体の位置が x_0，初速度が v_0 である．

同じことを 2 次元で考えよう．いま，鉛直面内に，水平に x 軸，垂直に y 軸をとる．重力は水平方向には作用しないから，水平方向にかかる力は 0 である．したがって運動方程式は，

$$m\ddot{x} = 0, \quad m\ddot{y} = -mg$$

これから，

$$x = u_0 t + x_0, \quad y = -\frac{1}{2}gt^2 + v_0 t + y_0$$

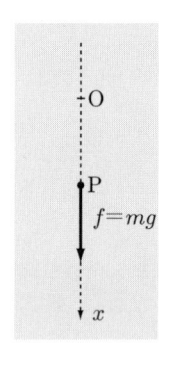

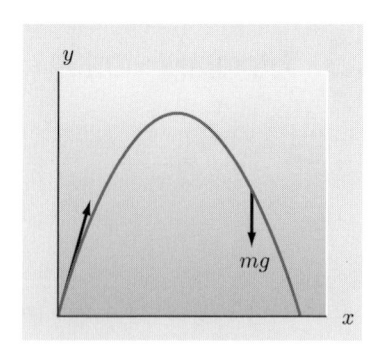

という解が得られる．(x_0, y_0) は，$t=0$ で物体のあった位置，u_0, v_0 は，初速度の水平方向，垂直方向の成分である．

例 2　抵抗がある場合．

地球上では，物体は空気中を運動し，したがって空気の抵抗をうける．このことを加味して考えてみよう．

いま，物体にかかる抵抗は，そのときの物体の速度に比例するとする．物体は鉛直線上を運動するものとする．そうすると，運動方程式は，

$$m\ddot{x} = -mg - r\dot{x}, \quad r > 0$$

2.3 力学の問題への応用 (1)

となる．

この微分方程式の解は，1.10 節の方式で容易に求められる．

$$x = -\frac{g}{r}mt + A + Be^{-(r/m)t}$$

ただし，$t = 0$ における物体の位置を x_0，初速度を v_0 とし，

$$A = x_0 - B, \quad B = -\frac{m}{r}\left(\frac{m}{r}g + v_0\right)$$

この場合，

$$\dot{x} = -\frac{g}{r}m - B\frac{r}{m}e^{-(r/m)t}$$

であるから，$t \to \infty$ のとき右辺第二項は，$\to 0$．したがって，t が十分大きいと $\dot{x}$ は定数 $-\dfrac{g}{r}m$ に近い値となる．この $-\dfrac{g}{r}m$ を**終速度**という．

高空から落下する雨滴などには，このモデルがあてはまると考えられる．

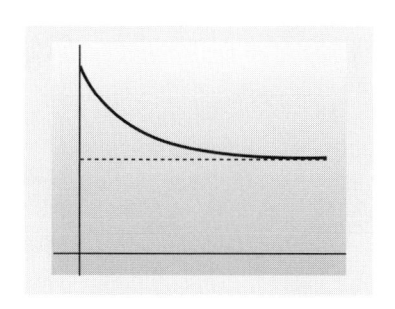

図 2.11

問

(1) 物体が，初期位置からの距離の 2 倍の大きさの運動方向への力をうけるとき，この物体の運動を記述する式を求めよ．

(2) 上記例 2 よりもさらに抵抗が大きく，速度の 2 乗に比例するものとする．このとき，この物体の運動を記述する式を求めよ．また，終速度を求めよ．(例えば，油の中などの物体の動きをこの形でとらえることもできるだろう．)

2.4 力学の問題への応用 (2)

この節では，振動について調べよう．右図のようなバネの先につけた物体の運動の方程式は，

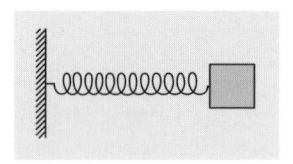

$$m\ddot{x} = -kx \quad (k \text{ は正の定数}) \quad (1)$$

という形で与えられる．ただし，x は平衡位置（物体が動かない状態の位置）からの距離を表す．これは，バネの弾性による力が，その伸び（または縮み）の大きさに比例した大きさで，平衡位置にひきもどすように働くことを意味している．

図 2.12

1.10 節 [4] に述べた方法で，(1) の解は容易に求められる．すなわち，(1) の両辺に $\dot{x}$ を乗ずれば，

$$m\dot{x}\ddot{x} = -kx\dot{x}$$
$$\therefore \quad m\dot{x}^2 = -kx^2 + C_1$$

ここで C_1 は正の数でなければならない．
これから，

$$\dot{x}^2 = \frac{k}{m}\left(\frac{C_1}{k} - x^2\right) \quad (2)$$

いま，

$$\frac{k}{m} = \omega^2, \quad \frac{C_1}{k} = A^2$$

とおくと，(2) は，

$$\frac{\dot{x}}{\sqrt{A^2 - x^2}} = \omega$$

と書けて，これを積分して，

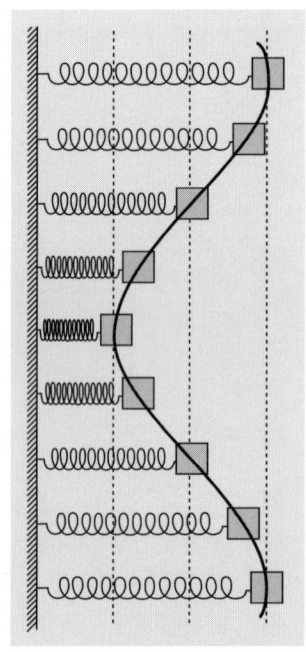

図 2.13

2.4 力学の問題への応用 (2)

$$\sin^{-1}\frac{x}{A} = \omega t + \alpha$$

ゆえに，(1) の一般解は，

$$x = A\sin(\omega t + \alpha)$$

である．

　この形の振動は **単振動** とよばれ，振動の原型である．

　　A は **振幅**

　　ω は **角振動数**

　　α は **初期位相**

とよばれる．この運動は周期運動であり，

$$T = \frac{2\pi}{\omega}$$

がこの振動の周期である．そして

$$\frac{1}{T} = \frac{\omega}{2\pi}$$

は **振動数** である．

　以上は，単純な振動のモデルであるが，実際には，さらにこれに摩擦などによる抵抗，その他いろいろな外力が加わったものになる．

例1　外力として，周期的な力が加わったとき．

　いま，運動方程式が (1) で表される振動系に，外力として，

$$f(t) = F\cos qt$$

が加わった場合を考えよう．運動方程式は，

$$m\ddot{x} + kx = F\cos qt \tag{3}$$

となる．

この方程式は

$$x = R\cos qt \tag{4}$$

という形の解をもっている．それを調べるために，(4) を (3) に代入すれば，左辺は

$$R(-mq^2 + k)\cos qt$$

となるから，

$$F = R(-mq^2 + k)$$

ならば，たしかに (4) は (3) の解である．

ここで，$-mq^2 + k$ が 0 に近い数であれば，R は非常に大きな数になる．すなわち，

$$q \fallingdotseq \sqrt{\frac{k}{m}}$$

のときには，小さな外力でも，非常に振幅の大きな振動がおこることになる．これは，**共鳴**，または**共振**として知られている現象である．

例2 単ふりこ．

点 P で一端を支持された長さ l の糸の先端につけられた質量 m のおもり

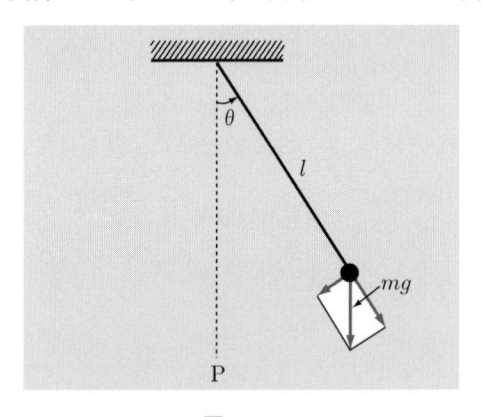

図 **2.14**

の運動を考える．（糸の重さは無視する．また，糸はピンと張られているものとする．）おもりは重力の作用のみを受けるとし，糸が点 P を通る鉛直線となす角を θ とすれば，図からわかるように，運動方程式は，

$$ml\ddot{\theta} = -mg\sin\theta$$

となる．

ふりこの振れが小さく，

$$\sin\theta = \theta \tag{5}$$

と見なされる程度であれば，その運動は単振動として記述される．すなわち

$$\ddot{\theta} = \frac{q}{l}\theta$$

であり，したがって，この節のはじめに述べたように，解は

$$\theta = A\sin(\omega t + \alpha)$$
$$\omega = \sqrt{\frac{q}{l}}$$

という単振動で与えられる．ここで周期

$$T = \frac{2\pi}{\omega}$$

は，振幅に無関係である．よく知られているように，このことの発見はガリレオ・ガリレイによって 1600 年頃になされたことである．

(5) という近似は，たとえば普通のふりこ時計のような場合には通用しないであろう．その場合の運動を記述することは，簡単にはできない．

問 $x = -3\cos t + 4\sin t$ で表される運動をしている物体がある．
(1) この物体の運動方程式を求めよ．
(2) この物体は単振動をしていることを示し，振動の振動数，角振動数，周期，振幅を求めよ．
(3) この運動の式を $A\sin(\omega t + \alpha)$ の形に書け．（式の変形を用いないで．）

2.5 電気系への応用

電気系における最も簡単かつ基本的な回路は図 2.15 に示したものである．抵抗，コイル，コンデンサーが結合されて，これに電源（外部電力，電池）を加えたものである．ここに流れる電流 I について，次の法則がある．

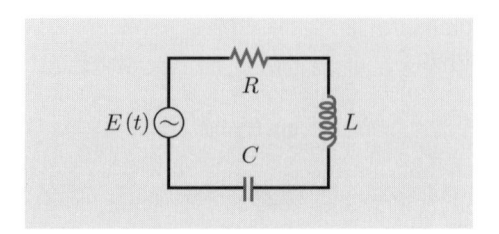

図 2.15

(i) 抵抗での電圧の降下は RI

(ii) コイル（インダクタンス）での電圧の降下は $L = \dfrac{dI}{dt}$

(iii) コンデンサー（キャパシタンス）は電荷を貯え，それによる電圧の降下は $\dfrac{1}{C}\displaystyle\int_0^t I(s)ds$

そして，**キルヒホッフの法則**

　　　　閉回路において，電圧の総和は，その回路の起電力に等しい

を用いると，

$$RI + L\frac{dI}{dt} + \frac{1}{C}\int_0^t I(s)ds = E(t)$$

が成り立つ．

これは，I に関する**微分積分方程式**であるが，これを 1 回微分すれば

$$L\frac{d^2I}{dt^2} + R\frac{dI}{dt} + \frac{1}{C}I = \dot{E}(t)$$

という微分方程式が得られる．これは，次の章で扱う．

問 抵抗とコンデンサーのみを含む回路において，外部電圧 $E = E_0 \cos \omega t$ が与えられたとき，回路に流れる電流を求めよ．

2.6 その他の物理的応用の簡単な例

物理現象は，ほとんどすべて微分方程式によって記述されるといってよいが，以上の力学的問題，電気的問題の他の簡単な例を二，三あげておこう．

例1 ニュートンの冷却の法則．

この法則は，ある温度 T の物体の温度変化は，周囲との温度差に比例する，というものである．周囲の温度を T_m とすれば，この関係は，

$$\frac{dT}{dt} = -k(T - T_m), \quad (k \text{ は正の定数})$$

と表される．

いま，観測している時間において周囲の温度 T_m が一定であるならば，これから，微分方程式

$$\frac{dT}{dt} + kT = kT_m$$

が得られる．

この微分方程式は，ごく簡単な1階線形常微分方程式であり，その解は，

$$T = T_m + (T_0 - T_m)e^{-kt}$$

例2 容器に入れた液体が，その容器の下部の孔から流出するときの速さは，液体面と孔との距離を h とするとき，$\sqrt{2gh}$ に等しい．(g は重力の常数) これは**トリチェルリの法則**とよばれているものである．

半径1m，高さ2mの円筒状のタンクにいっぱいはいっている液体を，タンクの最下部にある半径1cmの円形の孔から流出させるとき，要する時間を求めてみよう．

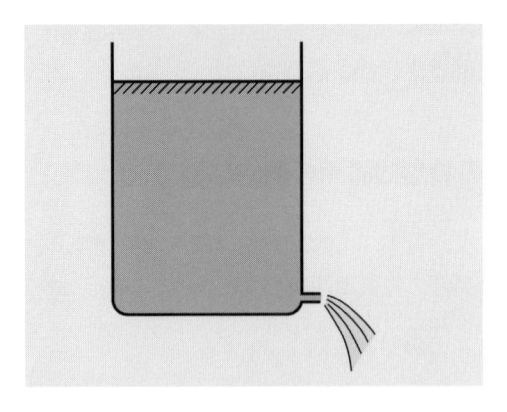

図 2.16

いま,液体面の高さが h cm のとき,dt 時間に流出する液体の量は,

$$\pi\sqrt{2gh}dt$$

一方,その間に液体面が dh だけ下がるとすれば,この流出した液体の量は,

$$\pi(100)^2 dh$$

に等しい.ゆえに,

$$100^2 \pi dh = -\pi\sqrt{2gh}dt$$
$$\therefore \quad \frac{1}{\sqrt{h}}\frac{dh}{dt} = -\frac{\sqrt{2g}}{(100)^2}$$
$$\therefore \quad 2\sqrt{h} = -\frac{\sqrt{2g}}{100^2}t + C$$

$t = 0$ のとき $h = 200$ であるから,

$$C = 2\sqrt{2} \times 10$$

ゆえに,$h = 0$ となる時刻は

$$-\frac{\sqrt{2g}}{100^2}t + 2\sqrt{2} \times 10 = 0$$

から，
$$t = \frac{2 \times 10^5}{\sqrt{g}} \fallingdotseq 2 \times 10^{7/2} \fallingdotseq 6324 \text{ (秒)}$$
ただし重力の常数は約 980 で，これを 1000 として計算した．
これにより，求める時間は，約 1.75 時間となる．

問1 いま，温度 100°C の物体を空中に放置したら，1 分後には 80°C に，2 分後には 65°C となった．この間，周囲の空気の温度は一定であるとし，その温度を求めよ．

問2 放射性物質において，それが崩壊して他の物質に変化し，現在ある量の半分になるまでの時間を**半減期**という．ただし，放射性物質の崩壊する量は，その物質の量に比例する．

半減期を P とするとき，この物質の量を時刻の関数として表せ．

問3 タンク内に濃度 3% の塩水が 1 トンはいっている．これに水を注入し，同時に同量の塩水を排出するものとする．ただし，注入した水は，直ちに全量の塩水と混ざり，塩水の濃度はどの部分も均等であるとする．(非現実的な仮定だが，第一近似としていちおう許されるであろう．) 毎分 10kg の水を注入するとき，1 時間後のタンク内の塩水の濃度を求めよ．

2.7 その他の応用

微分方程式の応用は多岐にわたり，自然科学では，物理学のみならず，化学，そして近年は生物学でも大いに活用されている．また，工学的諸問題も同様である．さらには，経済学的問題，社会学的問題にも，その応用は見られる．

[1] 増殖過程

一つの例として，1.2 節例 1 でとり上げた微分方程式
$$y' = y(1-y)$$
をとり上げよう．これは人口問題や，もっと一般の生物の増殖問題を記述する方程式として利用される．すなわち，y の値が小さいうちは増殖の速さは

そのときの個体数（整数値だが，連続変数の問題と考えて取り扱う）に比例するが，ある飽和状態があり，それに近づくにつれてこの速さがおちる．（たとえば，培養地の上に植えられた細菌のコロニーなどを考えるとよい．）一般には，飽和の大きさを s として，微分方程式は，

$$y' = ky(s-y) \qquad (k, s \text{ は正の定数})$$

となる．つまり $s-y$ という抑制の因子がかかるとするのである．この解は，

$$y = \frac{se^{ksx}}{e^{ksx} + C} \qquad (C \text{ は任意の定数})$$

となる．C は初期条件 $x=0$ のときの個体数 y_0 に対して，

$$C = \frac{1}{y_0}$$

である．

図 2.17 の曲線を**ロジスティック曲線**と呼ぶ．

これは，ここに述べたような問題での第一近似としてよく用いられるものである．

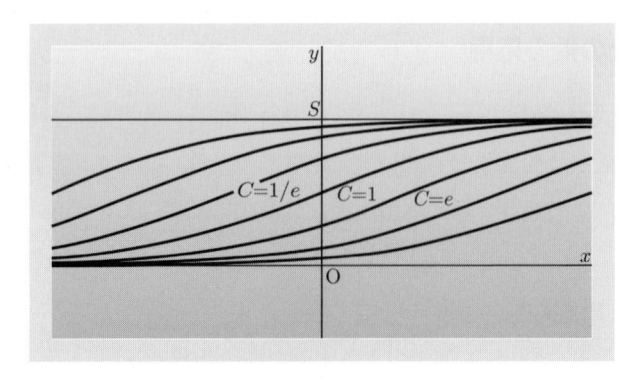

図 2.17

[2]　**2種固体間の増殖問題**

次に，2種の固体 A，B があり，A は B を捕食する場合を考えよう．これ

2.7 その他の応用

は，たとえば，サメとイワシとか，ライオンとシマウマとか，いくらでも例を考えることができる．通常は，もっと多くの種が入りまじって非常に複雑な様相を示すが，ここでは，非常に簡単化されたモデルで考えよう．

いま，y_1 を A の個体数，y_2 を B の個体数とする．A は B の個体数が多ければ，それに比例して増殖するとする．もちろん B なしでは A はそのうちに死滅してしまうと見れば，y_1 については

$$\frac{dy_1}{dt} = (-p + qy_2)y_1$$

としておいてよいであろう．

また，B については，それ自体，[1] の増殖モデルが適用される上に，A による捕食の結果の減少を考慮しなければならない．これは

$$\frac{dy_2}{dt} = k(s - cy_1 - y_2)y_2$$

として記述できるであろう．増加を抑制する因子を，$s - y_2$ に加えて捕食の影響を考えて，$s - y_2 - cy_1$ としたものである．

そうすれば，ここに y_1, y_2 に関する**連立の微分方程式**が得られた．

$$\begin{cases} \dfrac{dy_1}{dt} = (-p + qy_2)y_1 \\ \dfrac{dy_2}{dt} = k(s - cy_1 - y_2)y_2 \end{cases}$$

これは，**ヴォルテラ・ロトカの微分方程式**とよばれ，これもこの種の問題では基本とされる．

この微分方程式の直接の解は，得ることは困難であり，この種の問題を扱うには，また別の発展を考えなければならない．

また，上例のように，応用的な問題では，連立の微分方程式の議論は非常に重要なものである．

第 3 章

線形常微分方程式

3.1 線形常微分方程式の一般解

線形常微分方程式というのは，数学において，またいろいろな応用において，微分方程式の中で最もよく用いられ重要なものである．

この章では，主に 2 階の線形常微分方程式

$$y'' + p(x)y' + q(x)y = f(x) \tag{1}$$

について考える．これは，x の連続関数を係数とした y, y', y'' の 1 次式（線形式）の形で表される微分方程式である．

1 階線形常微分方程式（1.4 節）について述べたのと同様に，(1) において，右辺が 0 であるもの

$$y'' + p(x)y' + q(x)y = 0 \tag{2}$$

を **斉次** の方程式，そうでないものを **非斉次** の方程式という．

また，非斉次の線形常微分方程式 (1) において，右辺の $f(x)$ のところを 0 にして得られる斉次の方程式を，(1) に **付随する斉次方程式** という．

1 階線形常微分方程式では，解を直接表示する手段を容易に導くことができたが，2 階の方程式にはそれがない．

そこで，まず，基本的ないくつかの事実を調べておくことにする．

3.1 線形常微分方程式の一般解

> **2階線形常微分方程式**　　$y'' + p(x)y' + q(x)y = f(x)$ 　　　　(1)
> に対して，任意に初期条件
>
> $$x = x_0 \text{のとき，} \quad y = y_0, \quad y' = y'_0$$
>
> を与えると，これを満足する解が，つねにただ一つ定まる．

これは基礎定理であるけれども，証明は他書[†]にゆずり，以下ではこれを認めて使っていくことにする．

> **斉次線形常微分方程式**　　$y'' + p(x)y' + q(x)y = 0$ 　　　　(2)
> の解の全体はベクトル空間をつくる．すなわち
> 　　y_1, y_2 が (2) の解であれば $y_1 + y_2$ も (2) の解である．
> 　　y が (2) の解であれば，任意の定数 c に対して，
> 　　　　cy も (2) の解である．

これを見るために，いま，関数 $y = y(x)$ に対して，

$$L[y] = y'' + p(x)y' + q(x)y \tag{3}$$

としてできる関数を対応させる作用——**微分作用素**——を考えよう．

　y が，微分方程式 (2) の解であるということは，

$$L[y] = 0$$

であることである．

　また，$L[y]$ は線形作用素（1次変換）である．すなわち，

$$L[y_1 + y_2] = L[y_1] + L[y_2] \tag{4}$$

$$L[cy] = cL[y] \quad (c \text{ は定数}) \tag{5}$$

実際，(4) については，

[†] たとえば，竹之内 脩著「常微分方程式」（秀潤社）p.119

$$L[y_1 + y_2] = (y_1 + y_2)'' + p(x)(y_1 + y_2)' + q(x)(y_1 + y_2)$$
$$= y_1'' + p(x)y_1' + q(x)y_1 + y_2'' + p(x)y_2' + q(x)y_2$$
$$= L[y_1] + L[y_2]$$

(5) についても，同様にたしかめられる．

そうすると，y_1, y_2 が (2) の解ならば $L[y_1] = 0$, $L[y_2] = 0$. したがって，$L[y_1 + y_2] = L[y_1] + L[y_2] = 0$　これは $y_1 + y_2$ が (2) の解であることを示している．同様にして，y が (2) の解であるとき，cy (c は定数) も (2) の解であることがたしかめられる．

いま，斉次方程式 (2) の解で，

$x = x_0$ のとき，$y = 1$, $y' = 0$　を満たす解を　$y = u_1(x)$

$x = x_0$ のとき，$y = 0$, $y' = 1$　を満たす解を　$y = u_2(x)$

とする．

そうすれば，任意の初期条件

$$x = x_0 \quad \text{のとき}, \quad y = a, \ y' = b$$

に対しては，

$$au_1(x) + bu_2(x)$$

は，たしかにこの初期条件を満たす解であり，しかも，この初期条件を満たす解はただ一つで，これ以外にはない．

したがって，(2) のすべての解——**一般解**——は

$$c_1 u_1(x) + c_2 u_2(x)$$

の形に表される．

$u_1(x)$, $u_2(x)$ の組を**基本解**という．基本解とは，すべての解がそれらの線形結合で書けるような解の組というもので，上の $u_1(x)$, $u_2(x)$ に限ったことではない．二つの $y_1(x)$, $y_2(x)$ の組が基本解となるための条件は，任意の a, b に対して，

3.1 線形常微分方程式の一般解

$$c_1 y_1(x_0) + c_2 y_2(x_0) = a, \quad c_1 y_1{}'(x_0) + c_2 y_2{}'(x_0) = b$$

から，c_1, c_2 が定まることで，その条件は，

$$y_1(x_0) y_2{}'(x_0) - y_1{}'(x_0) y_2(x_0) \neq 0 \tag{6}$$

である．

非斉次線形常微分方程式
$$y'' + p(x) y' + q(x) y = f(x) \tag{1}$$
の一般解は，その一つの解 y_0 と，(1) に付随する斉次方程式の一般解の和として表される．

何かの方法で (1) の一つの解 y_0 がわかったとしよう．そのことは，(3) で定めた微分作用素 L に対して，

$$L[y_0] = f(x)$$

となっていることである．

そこで，これに，

$$L[z] = 0$$

の解 z を加えると，

$$L[y_0 + z] = L[y_0] + L[z] = f(x)$$

であるから，$y_0 + z$ は非斉次方程式 (1) の解である．

逆に，(1) の解 y を任意にとれば，$L[y] = f(x)$ であるから，

$$L[y - y_0] = L[y] - L[y_0] = 0$$

したがって，$z = y - y_0$ は付随する斉次方程式の解で，これを z と書けば，

$$y = y_0 + z$$

である．

ゆえに，

$$y_0 + \boxed{\text{付随する斉次方程式の解}} \longleftrightarrow \boxed{\text{非斉次方程式の解}}$$

として，互いに対応することになる．

以上によって，一般の線形常微分方程式
$$y'' + p(x)y' + q(x)y = f(x) \tag{1}$$
の解を求める作業は，

> (i) (1) の一つの解を求める．
> (ii) 付随する斉次方程式
> $$y'' + p(x)y' + q(x)y = 0 \tag{2}$$
> の解を求める．

という二つのプロセスから成ることがわかる．

例1 $y'' + y = x$ $\tag{7}$

$y = x$ は，この方程式の一つの解である．

付随する斉次方程式
$$y'' + y = 0 \tag{8}$$
については，$\sin x, \cos x$ が解であることは常識的である．そして，
$$(\sin x)_{x=0} = 0, \quad (\sin x)'_{x=0} = 1$$
$$(\cos x)_{x=0} = 1, \quad (\cos x)'_{x=0} = 0$$
だから，この二つの関数の組は，(8) の基本解である．よって (8) の一般解は，
$$y = c_1 \sin x + c_2 \cos x$$

ゆえに，(7) の一般解は，
$$y = x + c_1 \sin x + c_2 \cos x$$

問 次の線形常微分方程式で，$y_0(x)$ が一つの解であり，さらに $u_1(x), u_2(x)$ が付随する斉次方程式の一組の解であることをたしかめて，一般解を表せ．

(1) $x^2 y'' - (x^2 + 2x)y' + (x+2)y = x^3$
$$y_0(x) = -x^2, \quad u_1(x) = x, \quad u_2(x) = xe^x$$

(2) $xy'' - (x+1)y' + y = 2x^2 e^x$
$$y_0(x) = x^2 e^x, \quad u_1(x) = x+1, \quad u_2(x) = e^x$$

3.2 階数低下法

前の節の最後に述べた一つの解を求めることと,斉次方程式の一般解を求めることは,簡単なことではない.次節以降で $p(x)$, $q(x)$ が定数のときを述べ,また第5章では別の解法を考える.

しかし,線形常微分方程式

$$y'' + p(x)y' + q(x)y = f(x) \tag{1}$$

に付随する斉次方程式

$$y'' + p(x)y' + q(x)y = 0 \tag{2}$$

の一つの解が知られたときは,(1) の一般解を,1階線形常微分方程式に帰着させて求めることができる.これは,**ダランベールの階数低下法**とよばれている方法で,有効な場合が少なくない.

斉次方程式の一つの解 $u(x)$ が知られているときは,$y = u(x)z$ として (1) に代入することによって (1) を z' に関する1階線形常微分方程式に帰着させることができる.

実際,$y = uz$ の関係を逐次微分していくと,

$$y' = u'z + uz'$$
$$y'' = u''z + 2u'z' + uz''$$

であるから,

$$y'' + py' + qy = (u'' + pu' + qu)z + (2u' + pu)z' + uz''$$

ここで,u が (2) の解,したがって,

$$u'' + pu' + qu = 0$$

であることから,(1) は,

$$(2u' + pu)z' + uz'' = f$$

という z' に関する1階線形常微分方程式となった.

例1 $xy'' + (1-2x)y' + (x-1)y = e^x$

付随する斉次方程式

$$xy'' + (1-2x)y' + (x-1)y = 0$$

で，係数の和

$$x + (1-2x) + (x-1) = 0$$

であるから，

$$y = e^x$$

が一つの解であることがわかる．

$$y = e^x z$$

とおいて，もとの方程式に代入すれば，

$$e^x z' + xe^x z'' = e^x \qquad \therefore \quad z'' + \frac{1}{x}z' = \frac{1}{x}$$

斉次方程式 $z'' + \dfrac{1}{x}z' = 0$ の一つの解は，

$$z' = \frac{1}{x}$$

したがって，$z'' + \dfrac{1}{x}z' = \dfrac{1}{x}$ の解は，

$$z' = \frac{1}{x}\int dx = \frac{1}{x}(x + C_1) = 1 + \frac{C_1}{x}$$

$$z = x + C_1 \log|x| + C_2$$

ゆえに，もとの方程式の一般解は，

$$y = xe^x + C_1 e^x \log|x| + C_2 e^x$$

問 次の線形常微分方程式の一般解を求めよ．
(1) $(x-2)y'' - 2xy' + (x+2)y = (x-2)^5 e^x$
(2) $x^2 y'' - xy' + y = 1$

3.3 オイラーの公式

これからは，定数係数の 2 階線形常微分方程式を考える．
いま，
$$y'' - y = 0$$
を考えると，
$$y = e^x,\ e^{-x}$$
はともにこの方程式の解である．

そこで，一般の線形常微分方程式
$$y'' + py' + qy = 0 \qquad (p, q \text{ は定数}) \tag{1}$$
についても，
$$y = e^{tx} \tag{2}$$
の形の解を考えてみるのが自然である．

(2) を (1) に代入すると，
$$(t^2 + pt + q)e^{tx} = 0$$
となり，
$$t^2 + pt + q = 0 \tag{3}$$
の解 $\alpha,\ \beta$ に対しては，
$$y = e^{\alpha x},\ e^{\beta x}$$
が (1) の解になっていることがわかる．

しかし，2 次方程式 (3) の解は，実数とは限らない．そこで，一般に複素数 $x = a + ib$ に対して，e^x をどのように定義したらよいか考えてみよう．

数 e は，

$$e = \lim_{n\to\infty}\left(1+\frac{1}{n}\right)^n$$

によって定められている．そうすると，

$$e = \lim_{h\to 0}(1+h)^{1/h}$$

であることも得られる．そうすれば，

$$e^x = \lim_{h\to 0}(1+h)^{x/h}$$
$$= \lim_{h\to 0}(1+xh)^{1/h}$$

したがって，

$$e^x = \lim_{n\to\infty}\left(1+\frac{x}{n}\right)^n \tag{4}$$

である．

そこで，x が複素数のときも，(4) で e^x を定義する．e^x は $\exp x$ と書くこともある．

これについて，次の二つのことが基本である．

1° $$e^{i\theta} = \cos\theta + i\sin\theta$$

この式を**オイラーの公式**という．

2° 指数法則
$$e^{x+y} = e^x + e^y$$

このことから，次のことが成り立つ．

$$e^{a+ib} = e^a(\cos b + i\sin b)$$

これらのことの証明は，いろいろあるが，やや手間を食うので，巻末に付第2章として述べた．

3.3 オイラーの公式

例 1 α は複素数とする．実変数 x に対して，

$$(e^{\alpha x})' = \alpha e^{\alpha x}$$

実際，$\alpha = a + ib$ に対して，74 ページの枠囲みのことから，

$$\begin{aligned} e^{\alpha x} &= e^{ax} e^{ibx} \\ &= e^{ax}(\cos bx + i \sin bx) \end{aligned}$$

であるから，x について微分すれば，

$$\begin{aligned} (e^{\alpha x})' &= ae^{ax}(\cos bx + i \sin bx) + e^{ax}(-b \sin bx + ib \cos bx) \\ &= ae^{ax}(\cos bx + i \sin bx) + ibe^{ax}(\cos bx + i \sin bx) \\ &= \alpha e^{\alpha x} \end{aligned}$$

問 1 $(\cos x + i \sin x)^n = \cos nx + i \sin nx$ (n は整数)
を証明せよ．
この等式を，ド・モワブルの公式という．

問 2 $|e^{ix} - 1| \leqq |x|$ (x は実数)
を証明せよ．
［ヒント］ $\dfrac{e^{ix} - 1}{ix} = \displaystyle\int_0^1 e^{itx} dt$

これから，$|\cos x - 1| \leqq |x|$, $|\sin x| \leqq |x|$ が従う．
また，この方法をさらに進めて，

$$|e^{ix} - (1 + ix)| \leqq \frac{1}{2}|x|^2$$

$$\left| e^{ix} - \left(1 + ix - \frac{1}{2}x^2 \right) \right| \leqq \frac{1}{6}|x|^3$$

なども証明することができる．

3.4 定数係数線形常微分方程式 (1)——斉次方程式

前節のはじめに述べたように，線形常微分方程式

$$y'' + py' + qy = 0 \qquad (p, q \text{ は定数}) \tag{1}$$

に対して，2 次方程式

$$t^2 + pt + q = 0 \tag{2}$$

が二つの相異なる解 α, β をもてば，

$$u_1(x) = e^{\alpha x}, \quad u_2(x) = e^{\beta x}$$

は (1) の解である．そして，これは一組の基本解をなしている．実際，

$$u_1(0) = 1, \quad u_1'(0) = \alpha$$
$$u_2(0) = 1, \quad u_2'(0) = \beta$$

で $\alpha \neq \beta$ だから，基本解のための条件（3.1 節の (6)）が満たされるからである．

(2) を**特性方程式**という．

次に，特性方程式が重複解をもっている場合を考えよう．$t = \alpha$ がその重複解であるとすれば，$\alpha = -\dfrac{p}{2}$. このとき，$y = xe^{\alpha x}$ がやはり (1) を満たしている．実際，

$$y = xe^{\alpha x} \text{ のとき}, \quad y' = \alpha x e^{\alpha x} + e^{\alpha x}, \quad y'' = \alpha^2 x e^{\alpha x} + 2\alpha e^{\alpha x}$$

であるから，これを (1) の左辺に代入してみれば，このことがたしかめられる．ここで，

$$u_1(x) = e^{\alpha x}, \quad u_2(x) = xe^{\alpha x}$$

は一組の基本解になっている．そのことは，

$$u_1(0) = 1, \quad u_1'(0) = \alpha$$
$$u_2(0) = 0, \quad u_2'(0) = 1$$

3.4 定数係数線形常微分方程式 (1)——斉次方程式

で，$u_1(x)$, $u_2(x)$ が基本解のための条件を満たしていることからわかる．

さて，特性方程式が虚数解をもっている場合をさらにくわしく調べよう．(2) の解は，$t = -\dfrac{p}{2} \pm i\sqrt{-\left(\dfrac{p}{2}\right)^2 + q}$ である．いまこの二つの解を，

$$\alpha = a + ib, \quad \beta = a - ib \qquad (b \neq 0)$$

と書くことにすると，

$$e^{\alpha x} = e^{ax}(\cos bx + i\sin bx), \quad e^{\beta x} = e^{ax}(\cos bx - i\sin bx)$$

が解である．ゆえに，$\dfrac{1}{2}(e^{\alpha x} + e^{\beta x})$, $\dfrac{1}{2i}(e^{\alpha x} - e^{\beta x})$ をつくれば，

$$u_1(x) = e^{ax}\cos bx, \quad u_2(x) = e^{ax}\sin bx$$

が (1) の解である．そして，

$$\begin{aligned} u_1(0) &= 1, & u_1'(0) &= a \\ u_2(0) &= 0, & u_2'(0) &= b \end{aligned}$$

で $b \neq 0$ だから，$u_1(x)$, $u_2(x)$ は基本解のための条件を満たしている．ゆえに，この $u_1(x)$, $u_2(x)$ は一組の基本解をなしている．

斉次形の定数係数線形常微分方程式の解

$$y'' + py' + qy = 0 \tag{1}$$

に対して，次の 2 次方程式をつくる．

$$t^2 + pt + q = 0 \tag{2}$$

1° (2) が相異なる実数解 α, β をもつとき，
  $e^{\alpha x}$, $e^{\beta x}$　は一組の基本解

2° (2) が重複解 α をもつとき，
  $e^{\alpha x}$, $xe^{\alpha x}$　は一組の基本解

3° (2) が虚数解 $\alpha = a + ib$, $\beta = a - ib$ $(b \neq 0)$ をもつとき，
  $e^{ax}\cos bx$, $e^{ax}\sin bx$　は一組の基本解

例1 $y'' - 3y' + 2y = 0$

特性方程式は $t^2 - 3t + 2 = 0$

これは，$t = 1$, $t = 2$ を解にもつ．

ゆえに，一組の基本解が e^x, e^{2x} で与えられる．

一般解は， $c_1 e^x + c_2 e^{2x}$ 　　（c_1, c_2 は任意の定数）

例2 $y'' + 2y' + y = 0$

特性方程式は $t^2 + 2t + 1 = 0$

これは，$t = -1$ を重複解としてもつ．

ゆえに，一組の基本解が e^{-x}, xe^{-x} で与えられる．

一般解は， $c_1 e^{-x} + c_2 x e^{-x}$ 　　（c_1, c_2 は任意の定数）

例3 $y'' + y' + 2y = 0$

特性方程式は $t^2 + t + 2 = 0$

これは，$t = -\dfrac{1}{2} \pm \dfrac{\sqrt{7}}{2}i$ を解にもつ．

ゆえに，一組の基本解が $e^{-\frac{1}{2}x} \cos \dfrac{\sqrt{7}}{2}x$, $e^{-\frac{1}{2}x} \sin \dfrac{\sqrt{7}}{2}x$ で与えられる．

一般解は， $e^{-\frac{1}{2}x}\left(c_1 \cos \dfrac{\sqrt{7}}{2}x + c_2 \sin \dfrac{\sqrt{7}}{2}x\right)$ 　　（c_1, c_2 は任意の定数）

これは，$Ae^{-\frac{1}{2}x} \cos\left(\dfrac{\sqrt{7}}{2}x + C\right)$ 　　（A, C は任意の定数）と表すこともできる．

問 次の線形常微分方程式の解を求めよ．
(1) $y'' + 2y' - 15y = 0$
(2) $y'' + 2y' - y = 0$
(3) $y'' + 6y' + 9y = 0$
(4) $y'' - 4y' + 4y = 0$
(5) $y'' - 4y' + 13y = 0$
(6) $y'' + 9y = 0$

3.5 定数係数線形常微分方程式(2) ——特殊な非斉次方程式

ここでは，非斉次方程式

$$y'' + py' + qy = f(x) \qquad (p, q \text{ は定数}) \tag{1}$$

で，$f(x)$ が特別な形をした関数の場合を扱う．

(1) の解は，その一つの解と，付随する斉次方程式

$$y'' + py' + qy = 0 \tag{2}$$

の一般解の和として表される．そして，後者については前の節で扱ったので，ここでは (1) の一つの解を求めることを考えよう．

一般に，(1) の解は，$f(x)$ が，

$$f(x) = f_1(x) + f_2(x)$$

と和の形に分解されるときは，$f_1(x)$ に対する解と $f_2(x)$ に対する解を加えればよいから（**重ね合せの原理**という），$f(x)$ が簡単な形をした関数の場合を考えればよい．以下，記述の便宜のため，3.1 節で用いた

$$L[y] = y'' + py' + qy \tag{3}$$

という微分作用素の記号を利用する．

なお，この節では，$f(x)$ が特殊な形をしたもののみを考える．より一般的な考察は，次の章においてすることとする．

［1］ $f(x) = ke^{\alpha x}$

α が，(2) の特性方程式

$$\varphi(t) = t^2 + pt + q = 0 \tag{4}$$

の解でない，すなわち $\varphi(\alpha) \neq 0$ のときは，

$$L[e^{\alpha x}] = (\alpha^2 + p\alpha + q)e^{\alpha x} = \varphi(\alpha)e^{\alpha x}$$

であるから,
$$\frac{k}{\varphi(\alpha)}e^{\alpha x}$$
は (1) の一つの解である.

$\varphi(\alpha) = 0$ のときは, $e^{\alpha x}$ は斉次方程式 (2) の解となってしまうので, $xe^{\alpha x}$ を考え, $L[xe^{\alpha x}]$ をつくってみる.
$$L[xe^{\alpha x}] = (xe^{\alpha x})'' + p(xe^{\alpha x})' + q(xe^{\alpha x})$$
$$= (2\alpha + p)e^{\alpha x} = \varphi'(\alpha)e^{\alpha x}$$
したがって, $\varphi'(\alpha) \neq 0$ のときは,
$$\frac{k}{\varphi'(\alpha)}xe^{\alpha x}$$
が (1) の解である.

$\varphi(\alpha) = 0$, $\varphi'(\alpha) = 0$ のときは, α は $\varphi(t) = 0$ の重複解である. そして, $xe^{\alpha x}$ は斉次方程式 (2) の解となってしまう. そこで, このときは, $x^2 e^{\alpha x}$ を考えよう.
$$L[x^2 e^{\alpha x}] = 2e^{\alpha x} = \varphi''(\alpha)e^{\alpha x}$$
したがって,
$$\frac{k}{\varphi''(\alpha)}x^2 e^{\alpha x}$$
が (1) の解となる.

以上により,

$L[y] = y'' + py' + q = ke^{\alpha x}$ の解の一つは, 特性方程式を $\varphi(t) = 0$ とするとき,

$\varphi(\alpha) \neq 0$ ならば, $\quad \dfrac{k}{\varphi(\alpha)}e^{\alpha x}$

$\varphi(\alpha) = 0$, $\varphi'(\alpha) \neq 0$ ならば, $\quad \dfrac{k}{\varphi'(\alpha)}xe^{\alpha x}$

$\varphi(\alpha) = 0$, $\varphi'(\alpha) = 0$ ならば, $\quad \dfrac{k}{\varphi''(\alpha)}x^2 e^{\alpha x}$

3.5 定数係数線形常微分方程式 (2)——特殊な非斉次方程式

で与えられる．

例1 $y'' - 4y' + 3y = 1 + e^x$

特性方程式 $\varphi(t) = t^2 - 4t + 3 = 0$ の解は $t = 1,\ t = 3$.

この微分方程式の解は，$f_1(x) = 1 = e^{0 \cdot x}$, $f_2(x) = e^{1 \cdot x}$ に対する解を求めて加えればよい．

一つの解は，

$$y_0 = \frac{1}{\varphi(0)} 1 + \frac{1}{\varphi'(1)} x e^x = \frac{1}{3} - \frac{1}{2} x e^x$$

で与えられる．

一般解は，

$$y = \frac{1}{3} - \frac{1}{2} x e^x + c_1 e^x + c_2 e^{3x} \qquad (c_1,\ c_2 \text{ は任意の定数})$$

となる．

例2 $y'' + 4y' + 4y = e^{2x} + e^{-2x}$

一つの解は，$\varphi(t) = t^2 + 4t + 4$ に対して，

$$y_0 = \frac{1}{\varphi(2)} e^{2x} + \frac{1}{2} x^2 e^{-2x} = \frac{1}{16} e^{2x} + \frac{1}{2} x^2 e^{-2x}$$

で与えられる．

一般解は，

$$y = \frac{1}{16} e^{2x} + \frac{1}{2} x^2 e^{-2x} + c_1 e^{-2x} + c_2 x e^{-2x}$$

[2] $f(x) = k \cos \omega x,\ k \sin \omega x$

オイラーの公式によって，

$$k e^{i \omega x} = k \cos \omega x + i k \sin \omega x$$

であるから，[1] において $\alpha = i\omega$ としてその一つの解をつくり，実数部分と虚数部分に分ければよい．

なお，
$$f(x) = ke^{px} \cos \omega x \qquad (p \text{ は実数})$$
のときも，
$$ke^{(p+i\omega)x}$$
に対する解の実数部分が解になる．

例3 $y'' + 7y' + 12y = 3\cos 2x$ \hfill (5)

特性方程式は，$\varphi(t) = t^2 + 7t + 12 = 0$

いま，
$$z'' + 7z' + 12z = 3e^{2ix}$$
を考えると，その一つの解は，
$$\begin{aligned}
z_0 &= \frac{3}{\varphi(2i)}e^{2ix} = \frac{3}{8+14i}e^{2ix} \\
&= \frac{3}{(8+14i)(8-14i)}(8-14i)e^{2ix} = \frac{3}{260}(8-14i)e^{2ix} \\
&= \left(\frac{6}{65} - \frac{21}{130}i\right)(\cos 2x + i\sin 2x)
\end{aligned}$$

この関数の実数部分をとって，
$$y_0 = \frac{6}{65}\cos 2x + \frac{21}{130}\sin 2x$$
が (5) の一つの解となる．

一般解は，
$$y = \frac{6}{65}\cos 2x + \frac{21}{130}\sin 2x + c_1 e^{-3x} + c_2 e^{-4x}$$

$(c_1, c_2$ は任意の定数$)$

3.5 定数係数線形常微分方程式 (2)——特殊な非斉次方程式

例4 $y'' - 2y' + 2y = e^x \sin x$ (6)

特性方程式は，$\varphi(t) = t^2 - 2t + 2 = 0$ これの解は $t = 1 \pm i$
$e^x \sin x$ は $e^x e^{ix} = e^{(1+i)x}$ の虚数部分である．そこで，

$$z'' - 2z' + 2z = e^{(1+i)x}$$

を考えると，この一つの解は，

$$\begin{aligned}z_0 &= \frac{1}{\varphi'(1+i)} x e^{(1+i)x} = \frac{1}{2i} x e^{(1+i)x}\\&= -\frac{i}{2} x e^x (\cos x + i \sin x)\end{aligned}$$

ゆえに，この関数の虚数部分をとれば，(6) の一つの解は，

$$y_0 = -\frac{1}{2} x e^x \cos x$$

一般解は，

$$y = -\frac{1}{2} x e^x \cos x + c_1 e^x \cos x + c_2 e^x \sin x$$

▨

[3] $\boldsymbol{f(x)} = \boldsymbol{x^n e^{\alpha x}}$ （n は自然数）

このとき，解は

$$(x \text{ の } n \text{ 次多項式}) \times e^{\alpha x}$$

という形であると仮定して方程式に代入すれば，左辺は $(x \text{ の } n \text{ 次多項式}) \times e^{\alpha x}$ という形の式になるので係数合せをすればよい．

$n = 0$ の場合が [1] で扱った場合であるが，そのときは，特性方程式 $\varphi(t) = 0$ に対して，$\varphi(\alpha) \neq 0$ ならば，このようにして解が求められた．しかし，$\varphi(\alpha) = 0$ だと解の形を $x e^{\alpha x}$ とする必要があった．今の場合も事情は同じで，上に述べたことは $\varphi(\alpha) \neq 0$ の場合であり，一般には，次の原則でやる．

特性方程式 $\varphi(t) = 0$ に対して，

$\varphi(\alpha) \neq 0$ ならば $y = (x \text{ の } n \text{ 次多項式}) \times e^{\alpha x}$

$\varphi(\alpha) = 0, \varphi'(\alpha) \neq 0$ ならば $y = (x \text{ の } n+1 \text{ 次多項式}) \times e^{\alpha x}$

$\varphi(\alpha) = 0, \varphi'(\alpha) = 0$ ならば $y = (x \text{ の } n+2 \text{ 次多項式}) \times e^{\alpha x}$

という形に解を想定して，代入する．

例 5　$2y'' - 4y' + y = x^3$　　　　　　　　　　　　　　　　(7)

右辺は，$x^n e^{\alpha x}$ で $n = 3$, $\alpha = 0$ の場合である．

特性方程式は $\varphi(t) = 2t^2 - 4t + 1 = 0$ で，$\varphi(0) \neq 0$ であるから，解の形は
$$y_0 = q_3 x^3 + q_2 x^2 + q_1 x + q_0$$
として代入する．そうすると，
$$q_3 x^3 + (q_2 - 12q_3)x^2 + (q_1 - 8q_2 + 12q_3)x + (q_0 - 4q_1 + 4q_2) = x^3$$
ゆえに，
$$q_3 = 1,\ q_2 - 12q_3 = 0,\ q_1 - 8q_2 + 12q_3 = 0,\ q_0 - 4q_1 + 4q_2 = 0$$
これから，
$$q_3 = 1,\ q_2 = 12,\ q_1 = 84,\ q_0 = 288$$
ゆえに，(7) の一つの解が
$$y_0 = x^3 + 12x^2 + 84x + 288$$
として得られる．

一般解は，
$$y = x^3 + 12x^2 + 84x + 288 + c_1 e^{\left(1 + \frac{1}{\sqrt{2}}\right)x} + c_2 e^{\left(1 - \frac{1}{\sqrt{2}}\right)x}$$
$$(c_1, c_2 \text{ は任意の定数})$$

例 6　$y'' + 4y = x \sin 2x$　　　　　　　　　　　　　　　　(8)

$x \sin 2x$ は xe^{2ix} の虚数部分であるから，
$$z'' + 4z = xe^{2ix}$$

3.5 定数係数線形常微分方程式 (2)——特殊な非斉次方程式

の解を求め,その虚数部分をとればよい.

特性方程式は $\varphi(t) = t^2 + 4 = 0$ で $\varphi(2i) = 0$ であるから,解の形は

$$z_0 = (q_2 x^2 + q_1 x + q_0)e^{2ix}$$

として代入する.そうすると

$$(8iq_2 x + 2q_2 + 4iq_1)e^{2ix} = xe^{2ix}$$

ゆえに,

$$8iq_2 = 1, \quad 2q_2 + 4iq_1 = 0$$

これから,

$$q_2 = \frac{1}{8i} = -\frac{1}{8}i, \quad q_1 = \frac{1}{4i}\left(\frac{1}{4}i\right) = \frac{1}{16}$$

q_0 は何でもよいことになるから,0 ととっておく.

ゆえに,

$$z_0 = \left(\frac{1}{16}x - \frac{i}{8}x^2\right)e^{2ix}$$

したがって,虚数部分をとって,

$$y_0 = \frac{1}{16}x \sin 2x - \frac{1}{8}x^2 \cos 2x$$

が (8) の一つの解となる.

一般解は,

$$y_0 = \frac{1}{16}x \sin 2x - \frac{1}{8}x^2 \cos 2x + c_1 \cos 2x + c_2 \sin 2x$$

問 次の線形常微分方程式の解を求めよ.
(1) $y'' - 4y' = 5$
(2) $y'' - 6y' + 9y = e^{3x}$
(3) $y'' - 3y' + y = 3e^x \sin x$
(4) $y'' + 9y = 4\cos 3x$
(5) $y'' + y' - 2y = 2(1 + x - x^2)$
(6) $y'' - 3y' + 4y = x^3 + 3x$
(7) $y'' - 4y = 3xe^{2x}$
(8) $y'' + 4y = 2\cos x \cos 3x$

3.6 オイラーの微分方程式

$$x^2 y'' + pxy' + qy = f(x) \tag{1}$$

の形の微分方程式を，**オイラーの微分方程式**という．これは定数係数の線形常微分方程式ではないが，容易にその形に変形できるものである．

すなわち，(1) において，

$$x = e^u \tag{2}$$

という変換をしてみると，

$$\begin{aligned}
\frac{dy}{du} &= \frac{dy}{dx}\frac{dx}{du} \\
&= e^u \frac{dy}{dx} \\
&= x\frac{dy}{dx} \\
\frac{d^2y}{du^2} &= \frac{d}{du}\left(x\frac{dy}{dx}\right) \\
&= x\frac{d}{dx}\left(x\frac{dy}{dx}\right) \\
&= x^2 \frac{d^2y}{dx^2} + x\frac{dy}{dx}
\end{aligned}$$

となるから，(1) に代入すれば，

$$\frac{d^2y}{du^2} + (p-1)\frac{dy}{du} + qy = f(e^u)$$

となる．これは定数係数の線形常微分方程式であり，付随する斉次方程式

$$\frac{d^2y}{du^2} + (p-1)\frac{dy}{du} + qy = 0$$

は，特性方程式

$$t^2 + (p-1)t + q = 0 \tag{3}$$

3.6 オイラーの微分方程式

の解に応じて，

$$\text{基本解} \quad e^{\alpha u},\ e^{\beta u} \qquad (\alpha \neq \beta) \tag{4}$$

または，

$$\text{基本解} \quad e^{\alpha u},\ u e^{\alpha u} \tag{5}$$

をもつ．

(2) によってもとにもどれば，(1) に付随する斉次方程式

$$x^2 y'' + pxy' + qy = 0 \tag{6}$$

の解として，

$$\text{基本解} \quad x^{\alpha},\ x^{\beta} \qquad (\alpha \neq \beta)$$

または，(3) が重複解をもつときは，

$$\text{基本解} \quad x^{\alpha},\ x^{\alpha} \log x$$

が得られる．

解がこのような形であることがわかってしまえば，(6) に対して，はじめから $y = x^t$ が解ではないか，として調べることができる．これを実行してみよう．

すなわち，$y = x^t$ を (6) に代入すれば，

$$x^2 \cdot t(t-1) x^{t-2} + px \cdot t x^{t-1} + q x^t = 0$$

となり，したがって，これから 2 次方程式 (3) が得られる．

しかし，もしも (3) が重複解 α をもつときは，これからは一つの解 x^{α} しか得ることはできない．(6) の基本解としては，もう一つ，これと組をなす関数を見いださなければならない．

このために，3.2 節の階数低下法を利用する．すなわち，いま，

$$y = x^{\alpha} z$$

とおいて，これを (6) に代入する．

$$y' = \alpha x^{\alpha-1} z + x^\alpha z'$$
$$y'' = \alpha(\alpha-1) x^{\alpha-2} z + 2\alpha x^{\alpha-1} z' + x^\alpha z''$$

であるから，このときの (3) の解 α が，$\alpha = -\dfrac{p-1}{2}$ であることに注意すると，

$$x^2 y'' + pxy' + q = (\alpha(\alpha-1) + p\alpha + q) x^\alpha z + (2\alpha + p) x^{\alpha+1} z' + x^{\alpha+2} z''$$
$$= x^{\alpha+2} \left(\frac{1}{x} z' + z'' \right) = 0$$

となり，これから，

$$\frac{z''}{z'} = -\frac{1}{x}, \quad \log z' = C - \log x, \quad z' = \frac{C}{x}$$

したがって，

$$z = C_1 + C_2 \log x$$

となり，

$$x^\alpha, \; x^\alpha \log x$$

が基本解として得られる．

なお，上記 (2) の変換は，$x < 0$ のときは，

$$x = -e^u$$

としてみると全く同じに進行することがわかるから，(6) の解は，

$$|x|^\alpha, \; |x|^\beta \quad \text{または} \quad |x|^\alpha, \; |x|^\alpha \log |x|$$

とすべきものであることがわかる．

また，α が複素数 $a + bi$ のときは，$|x|^\alpha$ は，

3.6 オイラーの微分方程式

$$\begin{aligned}|x|^{\alpha} &= e^{\alpha \log|x|} \\ &= e^{a\log|x|}e^{ib\log|x|} \\ &= |x|^a(\cos(b\log|x|) + i\sin(b\log|x|))\end{aligned} \quad (7)$$

となる．そして，この場合，(3) の二つの解は $a+bi$, $a-bi$ となるので，結局，(7) の右辺の実数部分，虚数部分を分離して，

$$|x|^a \cos(b\log|x|), \quad |x|^a \sin(b\log|x|)$$

が (6) の解となる．

例1 $x^2 y'' - xy' + y = 1$

付随する斉次方程式の解を得るために，$y = x^t$ を代入して (3) をつくれば

$$t(t-1) - t + 1 = 0 \quad \therefore \quad t = 1 \text{ が重複解}$$

そして，視察により，もとの非斉次方程式は $y = 1$ を一つの解にもっていることが知られる．

ゆえに，一般解は，

$$y = 1 + c_1 x + |x|\log|x|$$

問 次の常微分方程式の解を求めよ．
(1) $x^2 y'' - xy' + 4y = 0$
(2) $x^2 y'' - xy' - 8y = 1$
(3) $x^2 y'' + 3xy' + y = x^3$
(4) $x^2 y'' - 2xy' + 2y = x^2 + 4$

第4章

演算子とラプラス変換

4.1 記号解法と演算子法

いま，$\dfrac{d}{dx}$ の代りに D という記号を導入する．そして，この記号を活用した微分方程式の解法を考える．

3.5 節例 1 で扱った次の微分方程式をとり上げてみよう．

$$y'' - 4y' + 3y = 1 + e^x \tag{1}$$

記号 D を用いるならば，これは次のように書ける．

$$D^2 y - 4Dy + 3y = 1 + e^x$$

あるいは，

$$\begin{aligned}(D^2 - 4D + 3)y &= 1 + e^x \\ \therefore \quad (D-1)(D-3)y &= 1 + e^x\end{aligned} \tag{2}$$

これから，次のようにする．

$$\begin{aligned}y &= \frac{1}{(D-1)(D-3)}(1 + e^x) \\ &= \frac{1}{2}\left(\frac{1}{D-3} - \frac{1}{D-1}\right)(1 + e^x)\end{aligned}$$

ここで，$\dfrac{1}{D-1}f(x)$ とは，

$$(D-1)y = f(x)$$

の初期条件 $x=0$ のとき $y=0$ を満たす解を表すものとすれば，1階線形常微分方程式の解の形から，

$$\begin{aligned}
\frac{1}{D-1}(1+e^x) &= e^x \int_0^x e^{-u}(1+e^u)du \\
&= e^x(-e^{-x}+x+1) \\
&= e^x - 1 + xe^x
\end{aligned}$$

同様に

$$\begin{aligned}
\frac{1}{D-3}(1+e^x) &= e^{3x}\int_0^x e^{-3u}(1+e^u)du \\
&= e^{3x}\left\{\frac{1}{3}(1-e^{-3x}) + \frac{1}{2}(1-e^{-2x})\right\} \\
&= -\frac{1}{3} - \frac{1}{2}e^x + \frac{5}{6}e^{3x}
\end{aligned}$$

したがって，

$$\begin{aligned}
y &= \frac{1}{2}\left(-\frac{1}{3} - \frac{1}{2}e^x + \frac{5}{6}e^{3x} - e^x + 1 - xe^x\right) \\
&= \frac{1}{3} - \frac{1}{2}xe^x - \frac{3}{4}e^x + \frac{5}{12}e^{3x}
\end{aligned}$$

これは，(2) の，初期条件 $x=0$ のとき $y=0$, $y'=0$ を満たす解である．

このような方法が記号解法であるが，このやり方をもっと徹底した次の方法がある．

いま，右のような対応表をこしらえておく．そして，(2) をこの対応表を使っておきかえていく．

$$(s^2 - 4s + 3)Y = \frac{1}{s} + \frac{1}{s-1}$$

$$Y = \frac{1}{s(s-1)(s-3)} + \frac{1}{(s-1)^2(s-3)}$$

$$= \left\{\frac{1}{3}\frac{1}{s} - \frac{1}{2}\frac{1}{s-1} + \frac{1}{6}\frac{1}{s-3}\right\}$$

$$+ \left\{-\frac{1}{2}\frac{1}{(s-1)^2} - \frac{1}{4}\frac{1}{s-1} + \frac{1}{4}\frac{1}{s-3}\right\}$$

y	$\longleftrightarrow$	Y
D	$\longleftrightarrow$	s
D^2	$\longleftrightarrow$	s^2
1	$\longleftrightarrow$	$\frac{1}{s}$
e^x	$\longleftrightarrow$	$\frac{1}{s-1}$
e^{2x}	$\longleftrightarrow$	$\frac{1}{s-2}$
e^{3x}	$\longleftrightarrow$	$\frac{1}{s-3}$
xe^x	$\longleftrightarrow$	$\frac{1}{(s-1)^2}$

そして，これをふたたび，上の対応表を使って，もとにもどしていく．

$$y = \left(\frac{1}{3} - \frac{1}{2}e^x + \frac{1}{6}e^{3x}\right) + \left(-\frac{1}{2}xe^x - \frac{1}{4}e^x + \frac{1}{4}e^{3x}\right)$$

$$= \frac{1}{3} - \frac{1}{2}xe^x - \frac{3}{4}e^x + \frac{5}{12}e^{3x}$$

この方法の意味は，以下の節で説明するが，この方法では，積分計算は全く不要で，分数式の計算と，対応表による関数のおきかえだけで解が得られている．

この方法が演算子法であり，この種の微分方程式の解を求める等の際には極めて有用な方法である．

4.2 ラプラス変換

前ページに示した対応表は，関数の**ラプラス変換**というものによってつくられている．

$f(t)$ は $t \geqq 0$ で定義された連続関数とする．このとき，積分

$$F(s) = \int_0^\infty e^{-st} f(t) dt \tag{1}$$

によって定義される変数 s の関数を，$f(t)$ の**ラプラス変換**といい，

$$f(t) \sqsupset F(s)$$

で表す．$f(t)$ を**原関数**，$F(s)$ を**像**（**関数**）という．[†]

ここで，積分の存在が保証されるように，関数 $f(t)$ に対して，

$$|f(t)| \leqq M e^{kt} \qquad (0 \leqq t < \infty) \tag{2}$$

であるような $M > 0$, $k > 0$ が存在するものとしておく．このような関数を**指数型**の関数という．この範囲を超えた関数を扱おうとするときは，数学的に相当深い議論が必要となる．

(2) が成立しているときは，
$s > k$ のとき，

$$|e^{-st} f(t)| \leqq M e^{-(s-k)t} \tag{3}$$

で，

$$\int_0^\infty e^{-(s-k)t} dt = \frac{1}{s-k}$$

となるから，(1) の積分がたしかに存在することが保証される．

[†] 以下の記述は，数学的な厳密性は求めなかった．その点を気にされる読者は，たとえば，次を参照されたい．
　　竹之内　脩著「フーリエ展開」（秀潤社）第 5 章ラプラス変換

指数型の関数としては，指数関数はもちろんであるが，n が自然数のとき，
$$e^t \geqq \frac{1}{n!}t^n \qquad (t \geqq 0)$$
であるから，t^n，したがって一般に $t^\alpha (\alpha \geqq 0)$ も指数型であり，また，多項式で定義される関数も指数型である．

また，(3) のことから予想されるように，ラプラス変換の像関数は，
$$\text{ある } s_0 \text{ に対して} \quad s > s_0$$
という範囲で定義された関数となる．しかし，通常定義域のことはあまり問題としない．

基本的な関数のラプラス変換を求めてみよう．

[1]　　$f(t) = e^{\alpha t}$　　（α は複素数）
$$\begin{aligned}F(s) &= \int_0^\infty e^{-st}e^{\alpha t}dt \\ &= \int_0^\infty e^{-(s-\alpha)t}dt \\ &= \frac{1}{s-\alpha}\left[-e^{-(s-\alpha)t}\right]_{t=0}^{t=\infty}\end{aligned}$$

もしも，$\text{Re}(s-\alpha) > 0$ ならば，$\lim_{t\to\infty} e^{-(s-\alpha)t} = 0$ となるから，
$$= \frac{1}{s-\alpha}$$
したがって，
$$e^{\alpha t} \sqsupset \frac{1}{s-\alpha}$$

$\alpha = 0$ のとき，　　$1 \sqsupset 1/s$

$\alpha = a+bi$ のとき，　$e^{(a+bi)t} \sqsupset \dfrac{1}{s-(a+bi)} = \dfrac{s-a+bi}{(s-a)^2+b^2}$

したがって，

4.2 ラプラス変換

$$e^{at}\cos bt \sqsupset \frac{s-a}{(s-a)^2+b^2}$$

$$e^{at}\sin bt \sqsupset \frac{b}{(s-a)^2+b^2}$$

[**2**]　　$f(t) = t^\alpha$　　　(α は実数, > -1)

$$F(s) = \int_0^\infty t^\alpha e^{-st} dt$$

$st = u$ とおいて変数変換すれば,

$$= \int_0^\infty \frac{u^\alpha}{s^\alpha} e^{-u} \frac{1}{s} du$$

$$= \frac{1}{s^{\alpha+1}} \int_0^\infty u^\alpha e^{-u} du$$

この最後の積分は, **ガンマ積分**とよばれているもので, この積分の値を $\Gamma(\alpha+1)$ で表す.

$$= \frac{\Gamma(\alpha+1)}{s^{\alpha+1}}$$

● ガンマ関数 ●

$p > 0$ のとき, 次のガンマ積分で定義された関数 $\Gamma(p)$ を, **ガンマ関数**という.

$$\Gamma(p) = \int_0^\infty u^{p-1} e^{-u} du$$

たとえば,

$$\Gamma(1) = \int_0^\infty e^{-u} du$$

$$= \Big[-e^{-u} \Big]_0^\infty$$

$$= 1$$

そして,

$$\Gamma(p+1) = \int_0^\infty u^p e^{-u} du$$
$$= \Big[-u^p e^{-u}\Big]_0^\infty + p\int_0^\infty u^{p-1} e^{-u} du$$
$$= p\Gamma(p)$$

である．

ゆえに，p が自然数のときは，

$$\Gamma(p+1) = p\Gamma(p)$$
$$= p(p-1)\Gamma(p-1)$$
$$= \cdots$$
$$= p(p-1)\cdots 1 \cdot \Gamma(1)$$
$$= p!$$

なお，

$$\Gamma\left(\frac{1}{2}\right) = \int_0^\infty u^{-\frac{1}{2}} e^{-u} du$$
$$= 2\int_0^\infty e^{-u^2} du$$
$$= \sqrt{\pi}$$

もよく用いられる．

以上により，

$$t^\alpha \sqsupset \frac{\Gamma(\alpha+1)}{s^{\alpha+1}}$$

特に，n が自然数のとき，

$$t^n \sqsupset \frac{n!}{s^{n+1}}$$

4.3 ラプラス変換の基本性質

[1] 線形性

$$f_1(t) \sqsupset F_1(s), \quad f_2(t) \sqsupset F_2(s)$$

のとき,

$$f_1(t) + f_2(t) \sqsupset F_1(s) + F_2(s)$$
$$\alpha f_1(t) \sqsupset \alpha F_1(s)$$

(証明) $f(t) = f_1(t) + f_2(t), \quad f(t) \sqsupset F(s)$
とすれば,

$$F(s) = \int_0^\infty f(t)e^{-st}\,dt = \int_0^\infty \{f_1(t) + f_2(t)\}e^{-st}\,dt$$
$$= \int_0^\infty f_1(t)e^{-st}\,dt + \int_0^\infty f_2(t)e^{-st}\,dt = F_1(s) + F_2(s)$$

$\alpha f_1(t)$ の場合も, 同じように証明される.

[2] 関数の拡大

$$f(t) \sqsupset F(s),\ \alpha > 0 \text{ のとき,} \quad f(\alpha t) \sqsupset \frac{1}{\alpha} F\left(\frac{s}{\alpha}\right)$$

(証明)
$$\int_0^\infty f(\alpha t)e^{-st}\,dt = \int_0^\infty f(u)e^{-s(u/\alpha)} \frac{1}{\alpha}\,du$$
$$(u = \alpha t \text{ とおいた})$$
$$= \frac{1}{\alpha} \int_0^\infty f(u) e^{-(s/\alpha)u}\,du$$
$$= \frac{1}{\alpha} F\left(\frac{s}{\alpha}\right)$$

[3] 第一移動法則

$$f(t) \sqsupset F(s),\ \alpha > 0\ \text{のとき},\quad f(t-\alpha) \sqsupset e^{-\alpha s}F(s)$$

ただし，$f(t-\alpha)$ は $0 \leqq t < \alpha$ においては，$=0$ と定義する．

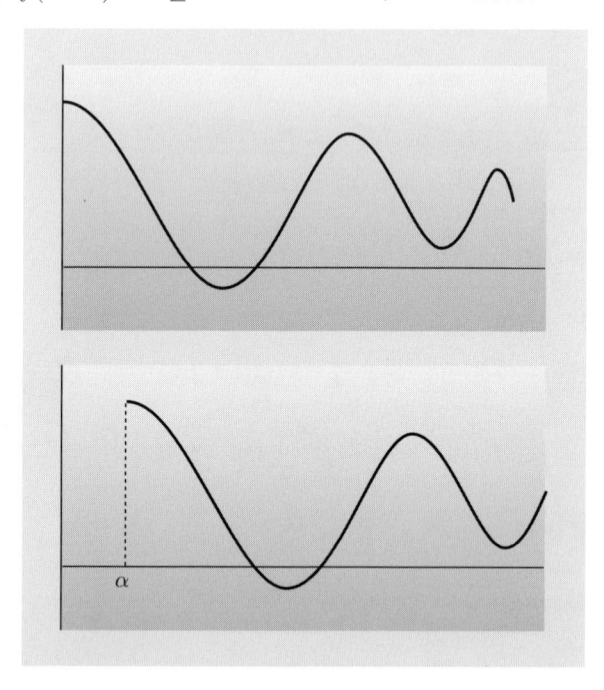

図 4.1

証明
$$\int_0^\infty f(t-\alpha)e^{-st}\,dt = \int_\alpha^\infty f(t-\alpha)e^{-st}dt$$
$$= \int_0^\infty f(u)e^{-s(u+\alpha)}du \quad (t-\alpha=u\ \text{とおいた})$$
$$= e^{-\alpha s}\int_0^\infty f(u)e^{-su}du$$
$$= e^{-\alpha s}F(s)$$

[4] 第二移動法則

$f(t) \sqsupset F(s)$, $\alpha > 0$ のとき, $f(t+\alpha) \sqsupset e^{\alpha s}\left(F(s) - \int_0^\alpha e^{-st}f(t)dt\right)$

$f(t+\alpha)$ は $t < 0$ の部分はカットする．

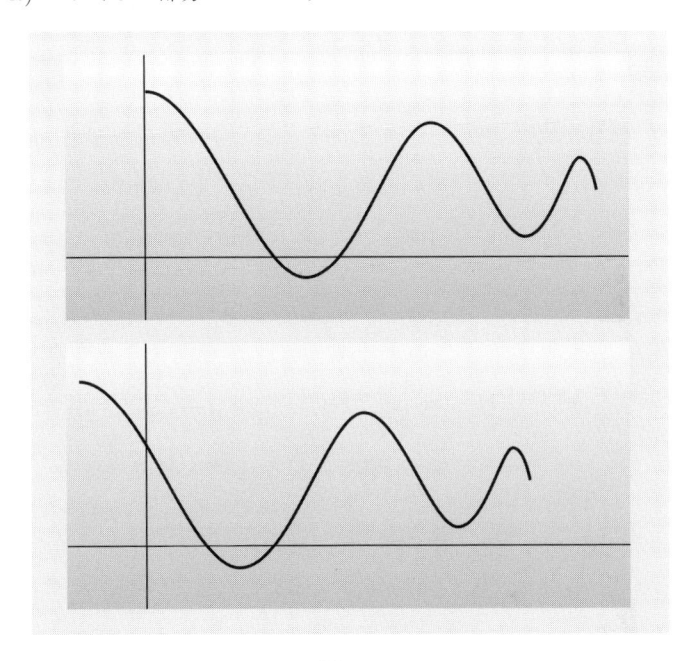

図 4.2

証明
$$\int_0^\infty f(t+\alpha)e^{-st}dt = \int_\alpha^\infty f(u)e^{-s(u-\alpha)}du \quad (t+\alpha = u \text{ とおいた})$$
$$= e^{\alpha s}\int_\alpha^\infty f(u)e^{-su}du$$
$$= e^{\alpha s}\left(\int_0^\infty f(u)e^{-su}du - \int_0^\alpha f(u)e^{-su}du\right)$$
$$= e^{\alpha s}\left(F(s) - \int_0^\alpha f(t)e^{-st}dt\right)$$

[5]　像の移動法則

$$f(t) \sqsupset F(s) \text{ のとき,} \quad e^{-\alpha t} f(t) \sqsupset F(s+\alpha)$$

(証明)
$$\int_0^\infty e^{-\alpha t} f(t) e^{-st} dt = \int_0^\infty e^{-(s+\alpha)t} f(t) dt = F(s+\alpha)$$

[6]　微分の法則

$$f(t) \sqsupset F(s) \text{ のとき,} \quad f'(t) \sqsupset sF(s) - f(0)$$

一般に,

$$f^{(n)}(t) \sqsupset s^n F(s) - \{f(0)s^{n-1} + f'(0)s^{n-2} + \cdots + f^{(n-1)}(0)\}$$

(証明)
$$\int_0^\infty e^{-st} f'(t) dt = \left[e^{-st} f(t)\right]_0^\infty + s \int_0^\infty e^{-st} f(t) dt$$
$$= -f(0) + sF(s)$$

ただし,上の計算で,$f(t)$ が指数型で,$|f(t)| \leqq Me^{kt}$ とするとき,

$|e^{-st} f(t)| \leqq Me^{-(s-k)t}$　　したがって $s > k$ ならば,$\lim_{t \to \infty} e^{-st} f(t) = 0$

であることを用いた.

この計算によって,

$$f'(t) \sqsupset sF(s) - f(0)$$

$g(t) = f'(t)$, $g(t) \sqsupset G(s)$ とすれば,$g'(t) = f''(t)$
ゆえに,

$$f''(t) = g'(t) \sqsupset sG(s) - g(0)$$
$$= s\{sF(s) - f(0)\} - f'(0)$$
$$= s^2 F(s) - \{f(0)s + f'(0)\}$$

これを続ければ,一般の場合に達する.

[7]　像の微分の法則

$$f(t) ⊐ F(s) \text{ のとき}, \quad -tf(t) ⊐ F'(s)$$

一般に，

$$(-t)^n f(t) ⊐ F^{(n)}(s)$$

(証明)　$F(s) = \int_0^\infty e^{-st} f(t) dt$ を s について微分し，積分と微分の順序を変更すれば，

$$F'(s) = \frac{d}{ds}\int_0^\infty e^{-st} f(t) dt = \int_0^\infty \frac{d}{ds}(e^{-st}) f(t) dt$$

$$= \int_0^\infty e^{-st}(-tf(t)) dt$$

[8]　積分の法則

$$f(t) ⊐ F(s) \text{ のとき}, \quad \int_0^t f(u) du ⊐ \frac{1}{s} F(s)$$

(証明)
$$\int_0^\infty e^{-st}\left(\int_0^t f(u) du\right) dt$$

$$= -\frac{1}{s}\left[e^{-st} \int_0^t f(u) du\right]_0^\infty + \frac{1}{s}\int_0^\infty e^{-st} f(t) dt$$

$$= \frac{1}{s} F(s)$$

ただし，この計算のためには，

$$\lim_{t \to \infty} e^{-st} \int_0^t f(u) du = 0 \tag{1}$$

をいう必要がある．いま，$f(t)$ は指数型で，$|f(t)| \leqq Me^{kt}$ とするとき，

$$\left|\int_0^t f(u) du\right| \leqq \int_0^t |f(u)| du \leqq M\int_0^t e^{ku} du$$

$$= \frac{M}{k}(e^{kt} - 1) \leqq \frac{M}{k} e^{kt}$$

したがって，$f_1(t) = \int_0^t f(u)du$ もまた指数型の関数である．したがって，[6] で示したように，$s > k$ のとき，$\lim_{t \to \infty} e^{-st} f_1(t) = 0$．すなわち，(1) は正しい．

以上によって，
$$\int_0^t f(u)du \sqsupset \frac{1}{s}F(s)$$

[9] 　像の積分の法則

$$f(t) \sqsupset F(s) \text{ のとき，} \quad \frac{f(t)}{t} \sqsupset \int_s^\infty F(w)dw$$

ただし，$\lim_{t \to +0} \frac{f(t)}{t}$ は有限な値であるものとする．

(証明) 　$\frac{f(t)}{t} \sqsupset G(s)$ とすれば，像の微分の法則 [7] によって

$$f(t) \sqsupset -G'(s)$$

ゆえに，
$$G'(s) = -F(s)$$

ところで，
$$\lim_{s \to \infty} G(s) = 0 \tag{2}$$

実際，
$$|f(t)| \leqq Me^{kt}$$

とし，また，$\lim_{t \to +0} \frac{f(t)}{t}$ が有限であるから，

$$\left|\frac{f(t)}{t}\right| \leqq M_1 \quad (0 < t \leqq 1)$$

とすれば，

4.3 ラプラス変換の基本性質

$$\left|\frac{f(t)}{t}\right| \leq M_2 e^{kt} \quad \text{ただし,} \quad M_2 = \max\{M, M_1\}$$

ゆえに,

$$|G(s)| = \left|\int_0^\infty e^{-st}\frac{f(t)}{t}dt\right| \leq \int_0^\infty e^{-st}\left|\frac{f(t)}{t}\right|dt$$

$$\leq M_2 \int_0^\infty e^{-(s-k)t}dt = \frac{M_2}{s-k}$$

であるから, (2) が成立する.

ゆえに,

$$G(s) = -\int_s^\infty G'(w)dw = \int_s^\infty F(w)dw$$

例1 $te^t \sqsupset \dfrac{1}{(s-1)^2}$

実際, まず 4.2 節 [1] によって, $e^t \sqsupset \dfrac{1}{s-1}$

そして, 像の微分の法則 [7] によって, $-te^t \sqsupset \left(\dfrac{1}{s-1}\right)' = -\dfrac{1}{(s-1)^2}$

線形性 [1] によって, $te^t \sqsupset \dfrac{1}{(s-1)^2}$

例2 双曲線関数 $\cosh t = \dfrac{1}{2}(e^t + e^{-t})$, $\sinh t = \dfrac{1}{2}(e^t - e^{-t})$ に対して,

$$\cosh bt \sqsupset \frac{s}{s^2 - b^2}, \quad \sinh bt \sqsupset \frac{b}{s^2 - b^2}$$

実際, まず 4.2 節 [1] によって, $e^{bt} \sqsupset \dfrac{1}{s-b}$, $e^{-bt} \sqsupset \dfrac{1}{s+b}$

ゆえに, 線形性から,

$$\cosh bt = \frac{1}{2}(e^{bt} + e^{-bt}) \sqsupset \frac{1}{2}\left(\frac{1}{s-b} + \frac{1}{s+b}\right) = \frac{s}{s^2 - b^2}$$

$$\sinh bt = \frac{1}{2}(e^{bt} - e^{-bt}) \sqsupset \frac{1}{2}\left(\frac{1}{s-b} - \frac{1}{s+b}\right) = \frac{b}{s^2 - b^2}$$

例3 $\dfrac{\sin t}{t} \sqsupset \dfrac{\pi}{2} - \tan^{-1} s$

$\sin t \sqsupset \dfrac{1}{s^2+1}$ である．

像の積分の法則［9］によって，

$$\dfrac{\sin t}{t} \sqsupset \int_s^\infty \dfrac{1}{w^2+1} dw = \left[\tan^{-1} w\right]_s^\infty$$
$$= \dfrac{\pi}{2} - \tan^{-1} s$$

問　次の関数のラプラス変換を求めよ．

(1) $(t+1)^2$
(2) $t^2 e^{-t}$
(3) $\cosh^2 bt$
(4) $\sin t \cos t$
(5) $(\sin at)(\cosh bt)$
(6) $\sqrt{\dfrac{2}{\pi t}} \cos bt$
(7) $\dfrac{1 - e^{\alpha t}}{t}$
(8) $\dfrac{1 - \cos t}{t}$
(9) $\beta > 0$ とし，$f(t) = \begin{cases} \sin\alpha(t-\beta) & (t \geqq \beta) \\ 0 & (0 \leqq t \leqq \beta) \end{cases}$ で定められた関数 $f(t)$
(10) $\cosh b(t+c)$

4.4 逆ラプラス変換

演算子法で問題の解決を考えるときは，もとの関数の間の関係をラプラス変換で変換して像の関数の関係にして，求める関数のラプラス変換による像を求め，それを原関数のほうにひきもどす．

この像の関数から原関数にもどす対応を **逆ラプラス変換** という．

これには，次の定理が基本になっている．(証明は省略する.)

> **ラプラス変換の一意性** 二つの関数 $f(t)$, $g(t)$ のラプラス変換が一致すれば，実は
> $$f(t) = g(t)$$

これは，たとえば，微分と積分の関係についてみれば，

$$f'(t) = g'(t) \text{ のとき，} \quad f(t) = g(t) + C \quad (C \text{ は定数})$$

であって，$f'(t) = g'(t)$ から $f(t) = g(t)$ という結論はひき出せないのであるが，ラプラス変換ではそのようなことはなく，

$$f(t) \sqsupset F(s), \quad g(t) \sqsupset F(s) \text{ のとき，} \quad f(t) = g(t)$$

ということである．

このことの実質的な意味は，$f(t)$ のラプラス変換による像 $F(s)$ が，たとえば4.1節で示した $Y(s)$ のように知られたとき，これがすでに他の方法で，ある関数 $g(t)$ のラプラス変換による像だということがわかっていれば，$f(t) = g(t)$ だといえるということである．

このため，数表のように，ラプラス変換の対関数表がつくられて，利用できるようになっている．本書巻末には簡単な対関数表を収載した．

例1 次の関数をラプラス変換による像とする原関数を求める.

(i) $\dfrac{b^2}{s(s^2+b^2)}$

［第一法］　$\dfrac{b^2}{s(s^2+b^2)} = \dfrac{1}{s} - \dfrac{s}{s^2+b^2}$ である.

そして，$1 \sqsupset \dfrac{1}{s}, \quad \cos bt \sqsupset \dfrac{s}{s^2+b^2}$ であるから，原関数は

$$1 - \cos bt$$

［第二法］　積分の法則［8］を用いると，$\sin bt \sqsupset \dfrac{b}{s^2+b^2}$ これから，

$$\int_0^t \sin bu\, du \sqsupset \dfrac{b}{s(s^2+b^2)}$$

となる．このことからも求められる．

(ii) $\dfrac{1}{(s^2+1)^2}$

［第一法］　$\dfrac{1}{(s^2+1)^2} = \dfrac{1}{4i}\dfrac{1}{s}\left(\dfrac{1}{(s-i)^2} - \dfrac{1}{(s+i)^2}\right)$

そして，$t \sqsupset \dfrac{1}{s^2}$ から，像の移動法則［5］により，

$$te^{it} \sqsupset \dfrac{1}{(s-i)^2}, \quad te^{-it} \sqsupset \dfrac{1}{(s+i)^2}$$

さらに，積分の法則［8］により

$$\int_0^t ue^{iu}\,du \sqsupset \dfrac{1}{s}\dfrac{1}{(s-i)^2}, \quad \int_0^t ue^{-iu}\,du \sqsupset \dfrac{1}{s}\dfrac{1}{(s+i)^2}$$

この積分を計算することにより，原関数は，

$$\dfrac{1}{4i}\left\{\dfrac{1}{i}t(e^{it}+e^{-it}) + e^{it} - e^{-it}\right\} = \dfrac{1}{2}(-t\cos t + \sin t)$$

[第二法] $\dfrac{1}{(s^2+1)^2} = \dfrac{s^2+1-s^2}{(s^2+1)^2} = \dfrac{1}{s^2+1} - s \cdot \dfrac{1}{2} \dfrac{2s}{(s^2+1)^2}$

$$= \dfrac{1}{s^2+1} + \dfrac{1}{2}s \cdot \left(\dfrac{1}{s^2+1}\right)'$$

ここで,

$$\sin t \sqsupset \dfrac{1}{s^2+1}$$

であり，また，像の微分の法則［7］から，

$$-t\sin t \sqsupset \left(\dfrac{1}{s^2+1}\right)'$$

となる．そして，微分の法則［6］から，

$$(-t\sin t)' \sqsupset s \cdot \left(\dfrac{1}{s^2+1}\right)'$$

したがって，原関数は，

$$\sin t + \dfrac{1}{2}(-t\sin t)' = \dfrac{1}{2}(-t\cos t + \sin t)$$

問　次の関数の原関数を求めよ．

(1) $\dfrac{1}{1+ks}$ 　　(2) $\dfrac{1}{s(s+a)}$

(3) $\dfrac{s}{(s-a)^2}$ 　　(4) $\dfrac{1}{s^2(s-a)}$

(5) $\dfrac{1}{s(s-a)^2}$ 　　(6) $\dfrac{1}{s(s^2-b^2)}$

(7) $\dfrac{1}{(1+ks)^4}$ 　　(8) $\dfrac{1}{\sqrt{s+1}}$

(9) $\dfrac{s+1}{s\sqrt{s}}$ 　　(10) $\dfrac{1}{s^3+s^2+s}$

4.5 定数係数線形常微分方程式の演算子法による解法

ここで，4.1 節の例にもどってみよう．

微分方程式は，

$$y'' - 4y' + 3y = 1 + e^t \tag{1}$$

ここでは，ラプラス変換を利用するので，基礎の変数は t とした．
いろいろ登場する関数について，

$$f(t),\ g(t),\ \cdots,\ y(t),\ \cdots \qquad \text{は原関数}$$

そして，

$$F(s),\ G(s),\ \cdots,\ Y(s),\ \cdots \qquad \text{像関数は対応する大文字}$$

で表す．

いま，(1) をラプラス変換の法則で変換すれば，

$$(s^2 Y(s) - y(0)s - y'(0)) - 4(sY(s) - y(0)) + 3Y(s) = \frac{1}{s} + \frac{1}{s-1}$$

$$\therefore \quad (s^2 - 4s + 3)Y(s) = \frac{1}{s} + \frac{1}{s-1} + y(0)(s-4) + y'(0)$$

$$\therefore \quad Y(s) = \frac{1}{s(s-1)(s-3)} + \frac{1}{(s-1)^2(s-3)} + y(0)\frac{s-4}{(s-1)(s-3)}$$

$$\qquad\qquad + y'(0)\frac{1}{(s-1)(s-3)}$$

$$= \left\{ \frac{1}{3}\frac{1}{s} - \frac{1}{2}\frac{1}{s-1} + \frac{1}{6}\frac{1}{s-3} \right\}$$

$$\quad + \left\{ -\frac{1}{2}\frac{1}{(s-1)^2} - \frac{1}{4}\frac{1}{s-1} + \frac{1}{4}\frac{1}{s-3} \right\}$$

$$\quad + \frac{y(0)}{2}\left\{ \frac{3}{s-1} - \frac{1}{s-3} \right\} - \frac{y'(0)}{2}\left\{ \frac{1}{s-1} - \frac{1}{s-3} \right\}$$

4.5 定数係数線形常微分方程式の演算子法による解法

これから，原関数にもどれば，

$$\begin{aligned}
y &= \left(\frac{1}{3} - \frac{1}{2}e^t + \frac{1}{6}e^{3t}\right) + \left(-\frac{1}{2}te^t - \frac{1}{4}e^t + \frac{1}{4}e^{3t}\right) \\
&\quad + \frac{y(0)}{2}(3e^t - e^{3t}) - \frac{y'(0)}{2}(e^t - e^{3t}) \\
&= \frac{1}{3} - \frac{1}{2}te^t - \frac{3}{4}e^t + \frac{5}{12}e^{3t} \\
&\quad + \frac{1}{2}\{3y(0) - y'(0)\}e^t - \frac{1}{2}\{y(0) - y'(0)\}e^{3t}
\end{aligned}$$

これが 4.1 節でしたことの演算子法による正式な計算であるが，ここでは 4.1 節よりさらに精密になっている．

すなわち，任意の初期条件を満たす解が，これで求められている．

こういうわけで，演算子法は，このような方程式の解を求める際に，極めて有用なのである．

● ラグランジュの補間式 ●

すでに上記の説明の中にも現れているが，この方法で微分方程式の解を求めようとする場合，有理関数

$$G(s) = \frac{Q(s)}{P(s)} \tag{2}$$

$(P(s), Q(s)$ は多項式$)$

が現れ，これを部分分数の和の形に表すことが必要となる．このために有用な，次のラグランジュの補間式がある．

> 有理関数 $G(s) = \dfrac{Q(s)}{P(s)}$ において,
>
> $$Q(s) \text{ の次数} < P(s) \text{ の次数}$$
>
> $$P(s) = (s-s_1)(s-s_2)\cdots(s-s_p)$$
>
> $$(\text{ただし } s_j \neq s_k \quad (j \neq k))$$
>
> のとき,
>
> $$\frac{Q(s)}{P(s)} = \sum_{k=1}^{p} \frac{Q(s_k)}{P'(s_k)} \frac{1}{s-s_k}$$
>
> という形で, $G(s)$ は部分分数の和に直すことができる.

いま,
$$\frac{Q(s)}{P(s)} = \sum_{k=1}^{p} \frac{\alpha_k}{s-s_k} \tag{3}$$

として, 係数 $\alpha_1, \alpha_2, \cdots, \alpha_p$ を定めよう.

(3) から,
$$Q(s) = \sum_{k=1}^{p} \alpha_k \frac{P(s)}{s-s_k}$$

ここで,
$$\frac{P(s)}{s-s_k} = (s-s_1)(s-s_2)\cdots(s-s_p)$$

(ただし右辺は $s-s_k$ を除いた積)

であるから, $s \to s_j$ とすれば, $k \neq j$ のところでは, 右辺の積の中に $s-s_j$ という因子があるので 0 となり, $k=j$ のところは, $\dfrac{P(s)}{s-s_j} \to P'(s_j)$.

ゆえに,
$$Q(s_j) = \alpha_j P'(s_j) \qquad \therefore \quad \alpha_j = \frac{Q(s_j)}{P'(s_j)}$$

である.

4.5 定数係数線形常微分方程式の演算子法による解法

例1 $\dfrac{1}{s(s-1)(s-3)}$

$$= \dfrac{1}{[(s-1)(s-3)]_{s=0}}\dfrac{1}{s} + \dfrac{1}{[s(s-3)]_{s=1}}\dfrac{1}{s-1} + \dfrac{1}{[s(s-1)]_{s=3}}\dfrac{1}{s-3}$$

$$= \dfrac{1}{3}\dfrac{1}{s} - \dfrac{1}{2}\dfrac{1}{s-1} + \dfrac{1}{6}\dfrac{1}{s-3} \qquad \blacksquare$$

例2 $\dfrac{1}{(s-1)^2(s-3)}$

[第一法] $\dfrac{1}{(s-1)(s-3)} = -\dfrac{1}{2}\dfrac{1}{s-1} + \dfrac{1}{2}\dfrac{1}{s-3}$ とし,

$$\dfrac{1}{(s-1)^2(s-3)} = -\dfrac{1}{2}\dfrac{1}{(s-1)^2} + \dfrac{1}{2}\dfrac{1}{(s-1)(s-3)}$$

$$= -\dfrac{1}{2}\dfrac{1}{(s-1)^2} + \dfrac{1}{2}\left(-\dfrac{1}{2}\dfrac{1}{s-1} + \dfrac{1}{2}\dfrac{1}{s-3}\right)$$

$$= -\dfrac{1}{2}\dfrac{1}{(s-1)^2} - \dfrac{1}{4}\dfrac{1}{s-1} + \dfrac{1}{4}\dfrac{1}{s-3}$$

[第二法] $[(s-1)^2]_{s=3} = 4$ を求める. そうすると, $4-(s-1)^2$ は $s-3$ で割り切れるから,

$$\dfrac{1}{(s-1)^2(s-3)} = \dfrac{1}{4}\dfrac{1}{s-3} + \dfrac{1}{4}\dfrac{4-(s-1)^2}{(s-1)^2(s-3)}$$

$$= \dfrac{1}{4}\dfrac{1}{s-3} - \dfrac{1}{4}\dfrac{s+1}{(s-1)^2}$$

$$= \dfrac{1}{4}\dfrac{1}{s-3} - \dfrac{1}{4}\dfrac{1}{s-1} - \dfrac{1}{2}\dfrac{1}{(s-1)^2} \qquad \blacksquare$$

● **初期条件のくり込み方** ●

演算子法によれば, 2階の定数係数線形常微分方程式のみならず, もっと高階の方程式も, 扱う方法は全く同じである. しかし, ラプラス変換の像関数にうつるとき, 初期条件がでてきて, そこの係数が厄介になる. そこで, それを簡単に求める方法を考えておこう.

簡単のため，3 階の方程式

$$p_0 y''' + p_1 y'' + p_2 y' + p_3 y = f(t) \qquad (4)$$

を考え，初期条件

$$y(0) = C_1, \quad y'(0) = C_2, \quad y''(0) = C_3$$

とする．式 (4) のラプラス変換をとると，

$$p_0 s^3 Y - p_0 C_1 s^2 - p_0 C_2 s - p_0 C_3$$
$$+ p_1 s^2 Y - p_1 C_1 s - p_1 C_2$$
$$+ p_2 s Y - p_2 C_1$$
$$+ p_3 Y = F(s)$$

ゆえに，

$$(p_0 s^3 + p_1 s^2 + p_2 s + p_3) Y$$
$$- \{p_0 C_1 s^2 + (p_0 C_2 + p_1 C_1) s + (p_0 C_3 + p_1 C_2 + p_2 C_1)\} = F(s)$$

このはじめの Y にかかる多項式は，(4) の特性方程式の左辺である．そのあとに出てくる多項式の係数を定めるには，次のようにするとよい．

s^2	s^1	s^0	
p_0	p_1	p_2	$\times C_1$
0	p_0	p_1	$\times C_2$
0	0	p_0	$\times C_3$

この表を用いて，

$$s^2 \text{ の係数} = p_0 C_1$$
$$s \text{ の係数} = p_1 C_1 + p_0 C_2$$
$$\text{定数項} = p_2 C_1 + p_1 C_2 + p_0 C_3$$

と定める．

4.5 定数係数線形常微分方程式の演算子法による解法

例3 $y''' - y' = te^t$

ラプラス変換は,

$$(s^3 - s)Y - (As^2 + Bs + C) = \frac{1}{(s-1)^2}$$

ここで A, B, C をきめるために上記のスキームを用いる.

$$\begin{array}{ccc|cc}
\underline{s^2} & \underline{s} & \underline{1} & & \\
1 & 0 & -1 & \times C_1 & A = C_1 \\
0 & 1 & 0 & \times C_2 & B = C_2 \\
0 & 0 & 1 & \times C_3 & C = -C_1 + C_3
\end{array}$$

$$\therefore \quad Y = \frac{1}{s(s^2-1)(s-1)^2} + \frac{C_1 s}{s^2-1} + \frac{C_2}{s^2-1} + \frac{-C_1 + C_3}{s(s^2-1)}$$

$\dfrac{1}{s(s^2-1)(s-1)^2} = \dfrac{1}{(s-1)^3 s(s+1)}$ を部分分数に分解する. (例2 [第二法])

$$\frac{1}{s(s+1)(s-1)^3} = -\frac{1}{s} + \frac{1 + (s+1)(s-1)^3}{s(s+1)(s-1)^3}$$

$$= -\frac{1}{s} + \frac{1}{8}\frac{1}{s+1} + \frac{1}{8}\frac{8 + 8(s+1)(s-1)^3 - s(s-1)^3}{s(s+1)(s-1)^3}$$

$$= -\frac{1}{s} + \frac{1}{8}\frac{1}{s+1} + \frac{1}{8}\frac{7s^4 - 13s^3 - 3s^2 + 17s}{s(s+1)(s-1)^3}$$

$$= -\frac{1}{s} + \frac{1}{8}\frac{1}{s+1} + \frac{1}{8}\frac{7s^2 - 20s + 17}{(s-1)^3}$$

$$= -\frac{1}{s} + \frac{1}{8}\frac{1}{s+1} + \frac{1}{2}\frac{1}{(s-1)^3} - \frac{3}{4}\frac{1}{(s-1)^2} + \frac{7}{8}\frac{1}{s-1}$$

ゆえに, Y の原関数を求めて, 解は,

$$y = -1 + \frac{1}{8}e^{-t} + \frac{1}{2}t^2 e^t - \frac{3}{4}te^t + \frac{7}{8}e^t$$

$$+ C_1 + C_2 \sinh t + C_3(\cosh t - 1)$$

例 4 $y''' + y'' - y' - y = \cosh t$

ラプラス変換は,

$$(s^3+s^2-s-1)Y - \{C_1s^2 + (C_1+C_2)s + (-C_1+C_2+C_3)\} = \frac{s}{s^2-1}$$

$$\therefore\quad Y = \frac{s}{(s-1)^2(s+1)^3} + \frac{C_1s^2}{(s-1)(s+1)^2} + \frac{(C_1+C_2)s}{(s-1)(s+1)^2} + \frac{-C_1+C_2+C_3}{(s-1)(s+1)^2}$$

ここで, $\dfrac{s}{(s-1)^2(s+1)^3}$ の原関数を求めるために, これを部分分数に分解する. そのために, $(s-1)^2$ と $(s+1)^3$ の間で互除法を行う.

$$(s+1)^3 = (s-1)^2(s+5) + 4(3s-1)$$
$$36(s-1)^2 = 4(3s-1)(3s-5) + 16$$
$$\therefore\quad 16 = 36(s-1)^2 - 4(3s-1)(3s-5)$$
$$= 36(s-1)^2 - \{(s+1)^3 - (s-1)^2(s+5)\}(3s-5)$$
$$= (s-1)^2\{36 + (s+5)(3s-5)\} - (s+1)^3(3s-5)$$
$$= (s-1)^2(3s^2+10s+36) - (s+1)^3(3s-5)$$

$$\therefore\quad \frac{16}{(s-1)^2(s+1)^3} = \frac{3s^2+10s+11}{(s+1)^3} - \frac{3s-5}{(s-1)^2}$$

$$\therefore\quad \frac{16s}{(s-1)^2(s+1)^3} = \frac{3s^3+10s^2+11s}{(s+1)^3} - \frac{3s^2-5s}{(s-1)^2}$$

$$= \frac{3s^3+10s^2+11s-3(s+1)^3}{(s+1)^3} - \frac{3s^2-5s-3(s-1)^2}{(s-1)^2}$$

$$= \frac{s^2+2s-3}{(s+1)^3} - \frac{s-3}{(s-1)^2}$$

$$= \frac{1}{s+1} - \frac{4}{(s+1)^3} - \frac{1}{s-1} + \frac{2}{(s-1)^2}$$

ゆえに, $\dfrac{s}{(s-1)^2(s+1)^3}$ の原関数は,

4.5 定数係数線形常微分方程式の演算子法による解法

$$\frac{1}{16}(e^{-t} - 2t^2 e^{-t} - e^t + 2te^t)$$

また,

$$\frac{s^2}{(s-1)(s+1)^2} = \frac{1}{4}\frac{1}{s-1} + \frac{3}{4}\frac{1}{s+1} - \frac{1}{2}\frac{1}{(s+1)^2}$$

$$\frac{s}{(s-1)(s+1)^2} = \frac{1}{4}\frac{1}{s-1} - \frac{1}{4}\frac{1}{s+1} + \frac{1}{2}\frac{1}{(s+1)^2}$$

$$\frac{1}{(s-1)(s+1)^2} = \frac{1}{4}\frac{1}{s-1} - \frac{1}{4}\frac{1}{s+1} - \frac{1}{2}\frac{1}{(s+1)^2}$$

したがって, 求める解は,

$$\frac{1}{16}(e^{-t} - 2t^2 e^{-t} - e^t + 2te^t)$$
$$+ \frac{C_1}{4}(e^{-t} + 2te^{-t} + 3e^t)$$
$$+ \frac{C_2}{2}(-e^{-t} + e^t)$$
$$+ \frac{C_3}{4}(-e^{-t} - 2te^{-t} + e^t)$$

問 次の線形常微分方程式の解を求めよ.
(1) $y'' + 4y = a\cos\omega t$
(2) $y'' + 2y' + y = \sin t$
(3) $y'' + 3y' + 2y = t$
(4) $y'' - 4y' + 5y = e^{2t}\cos t$
(5) $y''' + y' = Ae^{\alpha t}$
(6) $y''' - 2y' + 4y = e^t \cos t$
(7) $y'''' - y = a\sin t$
(8) $y'''' - 2y'' + y = 12te^t$

4.6 不連続関数

いままでは，ラプラス変換をとる原関数は連続関数としてきたけれども，関数が不連続の場合にも，ラプラス変換は，積分が定義できれば用いることができる．実は，このことはすでに出ていたのであって，第一移動法則 [3] を用いるときは，不連続関数が現れることが多い．しかし，不連続関数といっても，そんなに面倒なものが登場するわけではなく，ところどころに不連続点があってあとは連続という，グラフが図 4.3 に示したような形の関数のことが多い．このような関数は，**区分的に連続**といわれる．

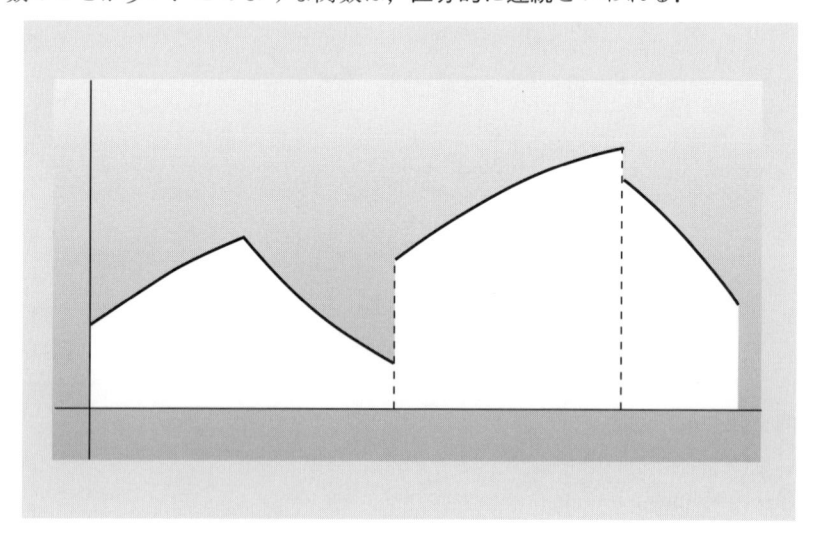

図 4.3

● ヘヴィサイドの単位跳躍関数 ●

不連続性をはっきりさせるためには，次の関数を用いると便利である．

$$H(t) = \begin{cases} 1 & (t \geqq 0) \\ 0 & (t < 0) \end{cases}$$

これをヘヴィサイドの単位跳躍関数，略して，**ヘヴィサイド関数**という．

4.6 不連続関数

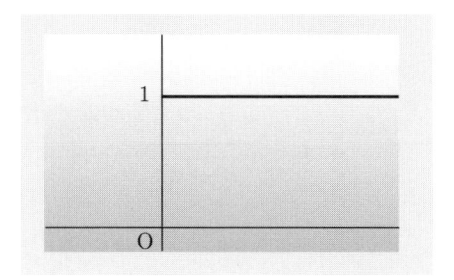

図 4.4

これを用いれば，第一移動法則 [3] は

[$3'$] $f(t) \sqsupset F(s)$, $\alpha > 0$ のとき $f(t-\alpha)H(t-\alpha) \sqsupset e^{-\alpha s}F(s)$

と書くことができる．$f(t)$ は $t \geqq 0$ のところで定義されている関数，としたので，$f(t-\alpha)$ は $t < \alpha$ のとき意味がないわけだが，そこは $H(t-\alpha)$ のほうを考えて，0，と思うのである．

同じように，

$$\begin{aligned} 0 \leqq t < t_1 &\quad \text{で} \quad f(t) = g(t) \\ t_1 < t \leqq t_2 &\quad \text{で} \quad f(t) = g(t) + h(t) \\ t_2 < t &\quad \text{で} \quad f(t) = g(t) + h(t) + k(t) \end{aligned}$$

というような関数（図 4.5）は，

$$f(t) = g(t) + h(t)H(t-t_1) + k(t)H(t-t_2)$$

と書くことができる．

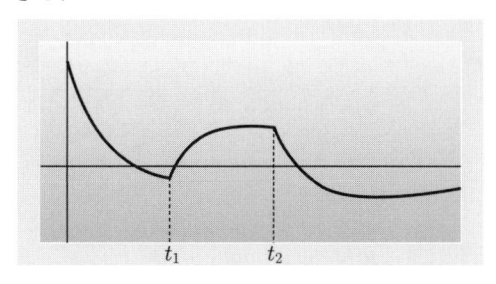

図 4.5

例1 $y'' - 4y' + 3y = f(t)$

ここで,
$$f(t) = \begin{cases} 1 & (0 < t < 2) \\ -1 & (t \geq 2) \end{cases}$$

とする (図 4.6).

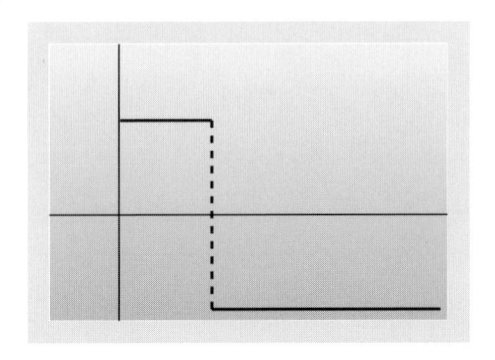

図 **4.6**

初期条件 $\quad y(0) = 0, \quad y'(0) = 0$
に応ずる解を求めよう.

ヘヴィサイド関数を用いれば,

$$f(t) = 1 - 2H(t-2)$$

そして,方程式のラプラス変換をとれば,

$$(s^2 - 4s + 3)Y = \frac{1}{s} - \frac{2e^{-2s}}{s}$$

$$\therefore \quad Y = \frac{1}{s(s-1)(s-3)} - \frac{2e^{-2s}}{s(s-1)(s-3)}$$

ここで, $\dfrac{1}{s(s-1)(s-3)} = \dfrac{1}{3}\dfrac{1}{s} - \dfrac{1}{2}\dfrac{1}{s-1} + \dfrac{1}{6}\dfrac{1}{s-3}$ であるから,

$$g(t) = \frac{1}{3} - \frac{1}{2}e^t + \frac{1}{6}e^{3t}$$

とすれば,解は,第一移動法則 [3′] を用いて,

$$y = g(t) - 2g(t-2)H(t-2)$$

である．

問 次の微分方程式の，初期条件 $y(0) = 0, y'(0) = 0$ に応ずる解を求めよ．

(1) $y'' + y = f(t),\quad f(t)\begin{cases} = 1 & (0 \leqq t < \pi) \\ = 0 & (t \geqq \pi) \end{cases}$

(2) $y'' + 3y' + 2y = f(t),\quad f(t)\begin{cases} = 0 & (0 \leqq t < 1) \\ = 1 & (1 \leqq t < 2) \\ = 0 & (t \geqq 2) \end{cases}$

4.7 線形モデル

実用的に用いられるシステムの中には，その過程が定数係数線形常微分方程式で記述されるものが多い．そのようなものの解析には，ラプラス変換は有効である．

2.5 節で説明した電流の微分方程式は，

$$L\frac{d^2 I}{dt^2} + R\frac{dI}{dt} + \frac{1}{C}I = \dot{E}(t) \tag{1}$$

であった．ここで，$E(t)$ は外部電力であり，外部からどのような電力をインプットすれば，回路にどのような電流が流れるかが，この方程式で記述される．

このように，あるシステムにおける変化が，

$$a_0 y'' + a_1 y' + a_2 y = f(t)$$

という形で制御されているとき，$f(t)$ は，外部からこのシステムに与えられた入力である．これを**インプット**という．そうすると，この微分方程式の解として，このシステムを記述する変数 y が時刻の関数として定まる．これを**応答**，あるいは**アウトプット**という．

上の電流を記述する方程式では，たとえば，インプットとして交流電源を

接続すれば，

$$\dot{E}(t) = E_0 \sin \omega t$$

のような形で，これはすでに説明した方法で解が求められる．

しかし，たとえば，電池に接続したときは，電圧は一定であるから，

$$E(t) = E_0 H(t) \tag{2}$$

という形であることになる．このとき，通常の解釈では (1) の右辺は 0 を示すことになるが，これは現象に対応しない．(2) のラプラス変換をとれば，$E(t) \sqsupset \mathscr{E}(s)$ として，

$$\mathscr{E}(s) = \frac{E_0}{s}$$

そうすると，$\dot{E}(t)$ に対応するラプラス変換の像関数 $\mathscr{E}.(s)$ は，微分の法則 [6] によって，

$$\mathscr{E}.(s) = E_0$$

である．(1) の両辺のラプラス変換をとれば，I の像関数を $\mathscr{I}$ として，

$$\left(Ls^2 + Rs + \frac{1}{C}\right) \mathscr{I} = \mathscr{E}.(s)$$
$$= E_0$$

$Ls^2 + Rs + \dfrac{1}{C} = L((s+a)^2 + \omega^2)$ とすれば，解の原関数は，

$$I = \frac{E_0}{\omega L} e^{-at} \sin \omega t$$

となる．

したがって，このとき $\dot{E}(t)$ は (2) を微分したものだが，0 ではない．

$$\delta(t) = \dot{H}(t)$$

と書いて，これを**ディラックのデルタ関数**，あるいは**単位衝撃関数**という．$H(t)$ を微分することは，数学的には考えにくいが，現象論的にはたしかに存在

4.7 線形モデル

し得ることで，こういうものが効果的に利用できることでも，ラプラス変換は，応用上の価値が大きい．

● **微分積分方程式** ●

上記の方程式 (1) は，もともと 2.5 節では，

$$RI + L\frac{dI}{dt} + \frac{1}{C}\int_0^t I(s)ds = E(t) \tag{3}$$

を得て，これを微分して導いたものであった．従来のやり方では，このように微分と積分が混在しているものは，そのままでは扱いようがないので，これをもう一度微分して，導関数だけを含む式にしなければならなかった．しかし，ラプラス変換を用いるならば，これは直接取り組むことができる．

すなわち，(3) の両辺のラプラス変換をとれば，

$$R\mathscr{I} + Ls\mathscr{I} + \frac{1}{C}\frac{1}{s}\mathscr{I} = \mathscr{E}(s)$$
$$\therefore \quad \left(Ls^2 + Rs + \frac{1}{C}\right)\mathscr{I} = s\mathscr{E}(s)$$

の形となり，これは (1) から導いた式と全く同じである．

● **ラプラス変換の応用** ●

今まで見てきたことをまとめて，ラプラス変換が有用である諸点を列挙しよう．

> 1° 微分，積分の計算が，対関数表と，代数計算で処理できる．
> 2° 不連続関数を，特別な議論をしなくても同じように扱うことができる．
> 3° 微分と積分の混在したものも容易に取り扱うことができる．
> 4° 本書では触れないが，差分方程式も同じように扱っていくことができる．

4.8 線形常微分方程式系

線形モデルの議論では，対象となる関数がいくつかあり，それに対する連立の微分方程式として問題が扱われることも多い．連立微分方程式というかわりに，**微分方程式系**とよばれることが多いので，本書でもそのようによぶ．

さて，定数係数線形常微分方程式系では，ラプラス変換をすれば，代数的な連立方程式になるので，取扱いも，同じようにできる．

例1
$$\begin{cases} y_1' = y_2 + y_3 + te^t \\ y_2' = y_3 + y_1 + t \\ y_3' = y_1 + y_2 + te^{-t} \end{cases}$$

ラプラス変換をとれば，

$$sY_1 - y_1(0) = Y_2 + Y_3 + \frac{1}{(s-1)^2}$$

$$sY_2 - y_2(0) = Y_3 + Y_1 + \frac{1}{s^2}$$

$$sY_3 - y_3(0) = Y_1 + Y_2 + \frac{1}{(s+1)^2}$$

これを，Y_1, Y_2, Y_3 について解くと，

$$Y_1 = \frac{y_1(0)}{s+1} + \frac{y_1(0) + y_2(0) + y_3(0)}{(s+1)(s-2)}$$
$$+ \frac{1}{(s+1)(s-1)^2} + \frac{1}{(s+1)(s-2)(s-1)^2} + \frac{1}{(s+1)(s-2)s^2}$$
$$+ \frac{1}{(s-2)(s+1)^3}$$

$$Y_2 = \frac{y_2(0)}{s+1} + \frac{y_1(0) + y_2(0) + y_3(0)}{(s+1)(s-2)}$$
$$+ \frac{1}{(s+1)s^2} + \frac{1}{(s+1)(s-2)(s-1)^2} + \frac{1}{(s+1)(s-2)s^2} + \frac{1}{(s-2)(s+1)^3}$$

$$Y_3 = \frac{y_3(0)}{s+1} + \frac{y_1(0)+y_2(0)+y_3(0)}{(s+1)(s-2)}$$
$$+ \frac{1}{(s+1)^3} + \frac{1}{(s+1)(s-2)(s-1)^2} + \frac{1}{(s+1)(s-2)s^2} + \frac{1}{(s-2)(s+1)^3}$$

これから，原関数を求めて，解は，

$$y_1 = \left(-\frac{1}{2}t+\frac{1}{4}\right) - \frac{1}{2}e^t - \left(\frac{1}{6}t^2+\frac{1}{9}t+\frac{11}{54}\right)e^{-t} + \frac{49}{108}e^{2t}$$
$$+ y_1(0)e^{-t} + \frac{1}{3}(y_1(0)+y_2(0)+y_3(0))(e^{-t}-e^{2t})$$

$$y_2 = \left(\frac{1}{2}t-\frac{3}{4}\right) - \left(\frac{1}{2}t+\frac{1}{4}\right)e^t - \left(\frac{1}{6}t^2+\frac{1}{9}t-\frac{59}{108}\right)e^{-t} + \frac{49}{108}e^{2t}$$
$$+ y_2(0)e^{-t} + \frac{1}{3}(y_1(0)+y_2(0)+y_3(0))(e^{-t}-e^{2t})$$

$$y_3 = \left(-\frac{1}{2}t+\frac{1}{4}\right) - \left(\frac{1}{2}t+\frac{1}{4}\right)e^t - \left(\frac{1}{3}t^2-\frac{1}{9}t-\frac{49}{108}\right)e^{-t} + \frac{49}{108}e^{2t}$$
$$+ y_3(0)e^{-t} + \frac{1}{3}(y_1(0)+y_2(0)+y_3(0))(e^{-t}-e^{2t}) \qquad \blacksquare$$

問 次の線形常微分方程式系の解を求めよ．

(1) $\begin{cases} y_1{}' = -y_2 \\ y_2{}' = 2y_1 + 2y_2 \end{cases}$

(2) $\begin{cases} y_1{}' + y_2{}' - y_2 = e^t \\ 2y_1{}' + y_2{}' + 2y_2 = \cos t \end{cases}$

(3) $\begin{cases} y_1{}' = 2y_1 - y_2 + y_3 \\ y_2{}' = \dfrac{4}{7}y_1 + \dfrac{8}{7}y_2 - \dfrac{6}{7}y_3 \\ y_3{}' = \dfrac{3}{7}y_1 - \dfrac{1}{7}y_2 + \dfrac{6}{7}y_3 \end{cases}$

(4) $\begin{cases} y_1{}'' + y_2 = \sin t \\ y_2{}'' + y_1 = \cos t \end{cases}$

第 5 章

級 数 解

5.1 解の整級数表示

いままでは，定数係数の線形常微分方程式を扱ってきた．ところで，係数が x の関数である場合は，非常に簡単な微分方程式でも，解を，われわれがすでに知っている関数の組合せで表示することは，一般にはできない．そこで，x の整級数を使って解を表示しようということが，古くから行われてきた．

いま，

$$y'' + xy = 0 \tag{1}$$

を考えよう．この微分方程式は一見簡単そうであるが，その解を，われわれが今までに知っている関数を用いては表示できない．

いま，この解は x の整級数

$$y = c_0 + c_1 x + c_2 x^2 + c_3 x^3 + \cdots \tag{2}$$

を用いて表すことができたとしよう．(2) を (1) に代入すれば

$$(1 \cdot 2 c_2 + 2 \cdot 3 c_3 x + 3 \cdot 4 c_4 x^2 + \cdots) + x(c_0 + c_1 x + c_2 x^2 + \cdots) = 0$$

x の同次の項を比較して，

$$1 \cdot 2 c_2 = 0, \quad 2 \cdot 3 c_3 = -c_0, \quad 3 \cdot 4 c_4 = -c_1, \quad 4 \cdot 5 c_5 = -c_2, \quad \cdots$$

5.1 解の整級数表示

これから，c_0, c_1 を任意に定めるとき，

$$c_3 = -\frac{1}{2\cdot 3}c_0, \quad c_6 = -\frac{1}{2\cdot 3\cdot 5\cdot 6}c_0 = \frac{1\cdot 4}{6!}c_0, \quad c_9 = -\frac{1\cdot 4\cdot 7}{9!}c_0, \quad \cdots$$

$$c_4 = -\frac{1}{3\cdot 4}c_1, \quad c_7 = -\frac{1}{3\cdot 4\cdot 6\cdot 7}c_4 = \frac{2\cdot 5}{7!}c_1, \quad c_{10} = -\frac{2\cdot 5\cdot 8}{10!}c_1, \quad \cdots$$

$$c_2 = 0, \quad c_5 = -\frac{1}{4\cdot 5}c_2 = 0, \quad c_8 = 0 \quad \cdots$$

したがって，

$$y = c_0\left(1 - \frac{1}{3!}x^3 + \frac{1\cdot 4}{6!}x^6 - \frac{1\cdot 4\cdot 7}{9!}x^9 + \cdots\right)$$
$$+ c_1\left(x - \frac{2}{4!}x^4 + \frac{2\cdot 5}{7!}x^7 - \frac{2\cdot 5\cdot 8}{10!}x^{10} + \cdots\right) \qquad (3)$$

という形で解が得られる．

$$y_1(x) = 1 - \frac{1}{3!}x^3 + \frac{1\cdot 4}{6!}x^6 - \frac{1\cdot 4\cdot 7}{9!}x^9 + \cdots \qquad (4)$$

$$y_2(x) = x - \frac{2}{4!}x^4 + \frac{2\cdot 5}{7!}x^7 - \frac{2\cdot 5\cdot 8}{10!}x^{10} + \cdots \qquad (5)$$

とおけば，

$$y_1(0) = 1, \quad y_1'(0) = 0$$
$$y_2(0) = 0, \quad y_2'(0) = 1$$

であるから，$y_1(x), y_2(x)$ は一組の基本解である．しかし，このような級数展開をもった関数は，今までわれわれの知っている関数の組み合わせでは表示できない．

以上は，単に (2) を (1) に代入して係数比較しただけであるが，これを有効に利用していくために，整級数に関する基本的事項を次に調べておこう．

問 次の微分方程式の解を整級数で表示せよ．

(1) $y'' + y = 0$ (2) $y'' + x^2 y = 0$

5.2 整級数

$$c_0 + c_1 x + c_2 x^2 + c_3 x^3 + \cdots \tag{1}$$

という形の式を**整級数**という.[†]

[1] 収束半径

整級数 (1) に対しては,

$$\boxed{\begin{array}{lll} |x| < r & \text{ならば} & \text{(1) はつねに収束する.} \hspace{1cm} (2) \\ |x| > r & \text{ならば} & \text{(1) は決して収束しない.} \hspace{0.5cm} (3) \end{array}}$$

というような数 r が定まる.

$\quad r = 0 \quad$ または, $\quad r = \infty \quad$ のときもある.
$\quad r = 0 \quad$ のときは, 条件 (2) は考えない. (1) は $x = 0$ 以外決して収束しない.
$\quad r = \infty \quad$ のときは, 条件 (3) は考えない. (1) はすべての x について収束する.

r を整級数 (1) の**収束半径**という. 半径という意味は, (2), (3) は実数の x に対してのみならず複素数の x についてもいえるのであり, 複素数平面上での図形が円になるので, このように称するのである.

$|x| < r$ において, (1) の値によって定まる関数を, **整級数 (1) の表す関数**という.

収束半径は, もしも,

$$\lim_{n \to \infty} \frac{|c_n|}{|c_{n+1}|} \tag{4}$$

が存在するならば, この値に等しい. (ダランベールの公式)

[†] 以下述べる整級数の種々の性質は, 微分積分法, あるいは複素関数論で扱われることとし, 証明にまでは立ち入らない.

例1 整級数
$$1 + x + x^2 + \cdots \tag{5}$$
の収束半径は，ダランベールの公式により 1 である．この範囲で (5) は収束して $\dfrac{1}{1-x}$ を表す．$|x| > 1$ のときは何も表さない．

$x = \pm 1$ のとき，この級数は収束しない．

[2] 整級数の表す関数

整級数 (1) の収束半径が r であるとし，その表す関数を $f(x)$ とする．このとき，(1) を項ごとに微分して得られる級数
$$c_1 + 2c_2 x + 3c_3 x^2 + \cdots \tag{6}$$
の収束半径も r で，整級数 (6) の表す関数が $f'(x)$ である．

また，整級数 (1)，および整級数
$$d_0 + d_1 x + d_2 x^2 + d_3 x^3 + \cdots \tag{7}$$
があり，(7) の収束半径が r_1 で，(7) の表す関数が $g(x)$ であるとき，$|x| < \min\{r, r_1\}$ においては，積 $f(x)g(x)$ は，整級数
$$c_0 d_0 + (c_1 d_0 + c_0 d_1)x + (c_2 d_0 + c_1 d_1 + c_0 d_2)x^2 + \cdots \tag{8}$$
で表される．(8) は，(1) と (7) を多項式と同じようなつもりで積をつくっていったものである (付第 2 章 2.2)．(8) の収束半径 r は，$r \geqq \min\{r, r_1\}$

例2 $\quad y' = y^2 \tag{9}$

いま，この解が，整級数
$$c_0 + c_1 x + c_2 x^2 + c_3 x^3 + \cdots \tag{10}$$
で表されているとする．これを (9) に代入すれば，
$$c_1 + 2c_2 x + 3c_3 x^2 + \cdots = c_0^2 + 2c_0 c_1 x + (c_1^2 + 2c_0 c_2)x^2 + \cdots$$
係数を比較して，

$$c_1 = c_0^2$$
$$2c_2 = 2c_0c_1 = 2c_0c_0^2 = 2c_0^3 \qquad \therefore \quad c_2 = c_0^3$$
$$3c_3 = c_0c_2 + c_1c_1 + c_2c_0 = c_0c_0^3 + c_0^2c_0^2 + c_0^3c_0 = 3c_0^4 \quad \therefore \quad c_3 = c_0^4$$
$$\cdots\cdots$$
$$nc_n = c_0c_{n-1} + c_1c_{n-2} + \cdots + c_{n-1}c_0 = nc_0^{n+1} \qquad \therefore \quad c_n = c_0^{n+1}$$
$$\cdots\cdots$$

ゆえに，整級数

$$c_0 + c_0^2 x + c_0^3 x^2 + \cdots \tag{11}$$

が得られる．

ここで，$\dfrac{c_n}{c_{n+1}} = \dfrac{1}{c_0}$ だから，収束半径は $\dfrac{1}{|c_0|}$ となる．

そうすると，整級数 (10) について，上で行った計算は，[2] によってすべて正当である．(循環論法ではない!)

ゆえに，(9) の解は，整級数 (11) の表す関数である．これは，$\dfrac{c_0}{1 - c_0 x}$ に等しい． ▨

例 3 5.1 節で得た級数 (4), (5) では，x の累乗指数が 3 ずつ上がっている．このようなときは，ダランベールの公式で，$\displaystyle\lim_{n\to\infty}\left|\dfrac{c_n}{c_{n+3}}\right|^{\frac{1}{3}}$ を考えればよい．

(4) については，

$$\dfrac{c_{3n}}{c_{3n+3}} = \dfrac{1 \cdot 4 \cdot 7 \cdots (3n-2)}{(3n)!} \div \dfrac{1 \cdot 4 \cdot 7 \cdots (3n-2)(3n+1)}{(3n+3)!}$$
$$= (3n+2)(3n+3)$$

したがって，$r = \displaystyle\lim_{n\to\infty}\{(3n+2)(3n+3)\}^{\frac{1}{3}} = \infty$

これは，(4) がすべての x について収束することを示す．(5) についても同様である． ▨

5.2 整級数

例 4　$y' = x^2 - y^2$ の解で，初期条件

$$x = 1 \text{ のとき } y = 1$$

を満たすものを求める．

この場合，$x = 1$ が中心となるので，整級数の形としては，

$$y = c_0 + c_1(x-1) + c_2(x-1)^2 + c_3(x-1)^3 + \cdots \tag{12}$$

をとる．ここで，初期条件から，$c_0 = 1$ である．

これを，微分方程式に代入すれば，

$$\begin{aligned}
c_1 &+ 2c_2(x-1) + 3c_3(x-1)^2 + \cdots \\
&= x^2 - \{c_0^2 + 2c_0c_1(x-1) + (2c_0c_2 + c_1^2)(x-1)^2 \\
&\quad + (c_0c_3 + c_1c_2 + c_2c_1 + c_3c_0)(x-1)^3 + \cdots\} \\
&= (1 - c_0^2) + 2(1 - c_0c_1)(x-1) + (1 - 2c_0c_2 - c_1^2)(x-1)^2 + \cdots
\end{aligned}$$

ゆえに，係数比較して，

$$\begin{aligned}
c_1 &= 1 - c_0^2 \\
2c_2 &= 2(1 - c_0c_1) \\
3c_3 &= 1 - 2c_0c_2 - c_1^2 \\
4c_4 &= -(c_0c_3 + c_1c_2 + c_2c_1 + c_3c_0)
\end{aligned}$$

これから，

$$c_1 = 0, \quad c_2 = 1, \quad c_3 = -\frac{1}{3}, \quad c_4 = \frac{1}{6}, \quad \cdots$$

ゆえに，求める解の級数は，

$$y = 1 + (x-1)^2 - \frac{1}{3}(x-1)^3 + \frac{1}{6}(x-1)^4 + \cdots$$

この場合，係数は，

$$c_{n+1} = -\frac{1}{n+1}(c_0 c_n + c_1 c_{n-1} + c_2 c_{n-2} + \cdots + c_n c_0) \quad (13)$$

となるので，たとえばパソコンで，この係数の値をどこまでも求めていくことはできる．したがって，級数 (12) は何項まででも計算可能であるが，**係数の評価**をしないと，どの範囲でこの級数が使えるのか，どのくらい精密な値が得られているのか，わからない．

幸い，(13) から，

$$|c_n| \leqq 1 \quad (n = 0, 1, 2, \cdots)$$

が数学的帰納法で結論できるから，(12) は，

$$|x-1| < 1$$

ならば収束する．そして，$c_n(x-1)^n$ の項まで計算した残りは，

$$\left| \sum_{k=n+1}^{\infty} c_k(x-1)^k \right| \leqq \sum_{k=n+1}^{\infty} |c_k||x-1|^k$$

$$\leqq \sum_{k=n+1}^{\infty} |x-1|^k$$

$$= \frac{|x-1|^{n+1}}{1-|x-1|}$$

と評価されるので，これによって，望む精度の値を得るためには，第何項まで計算すればよいかわかる．

問 1 5.1 節の問で求めた整級数解について，その収束半径を定めよ．

問 2 次の微分方程式の解を整級数で表示して求めよ．
(1) $y' = (e^x - x^2 e^{2x}) + y + y^2$　　初期条件　$x = 0$ のとき $y = 0$
(2) $x + y' = 2y + y'^2$　　初期条件　$x = 0$ のとき $y = 0$

5.3 ルジャンドルの微分方程式

微分方程式は，古くから，物理学上の諸問題と関連して研究されてきた．そして，これらのうちの代表的なものについては，特によく調べ，研究されてきた．特殊関数，あるいは高等超越関数というものはこれらの産物である．それらは，いままでにわれわれが学んで知っている関数の組み合わせでは表示し得ない関数，というものである．そして，これらが，かつては，応用数学とよばれる分野の主要な研究対象であった．今日では，これらは古典的手法となっているけれども，重要な意味をもつものである．

以下には，その代表的なものとして，ルジャンドルの微分方程式，およびベッセルの微分方程式について述べる．

● ルジャンドルの微分方程式 ●

n が正の整数であるとき，

$$(1-x)^2 y'' - 2xy' + n(n+1)y = 0 \tag{1}$$

を，**ルジャンドルの微分方程式**という．この微分方程式は，

$$((1-x^2)y')' + n(n+1)y = 0$$

という形に書かれることも多い．

いま，解を，

$$y = c_0 + c_1 x + c_2 x^2 + \cdots \tag{2}$$

の形に仮定して，(1) の左辺に代入して，x^k の係数を求め，0 とおくと，

$$(k+2)(k+1)c_{k+2} - k(k-1)c_k - 2kc_k + n(n+1)c_k = 0$$

$$\therefore \quad (k+2)(k+1)c_{k+2} - \{k(k+1) - n(n+1)\}c_k = 0$$

$k(k+1) - n(n+1) = (k-n)(k+n+1)$ だから，

$$c_{k+2} = \frac{(k-n)(k+n+1)}{(k+2)(k+1)} c_k \qquad (k = 0, 1, 2, \cdots) \tag{3}$$

したがって，

$$c_2 = -\frac{n(n+1)}{1\cdot 2}c_0$$

$$c_3 = -\frac{(n-1)(n+2)}{2\cdot 3}c_1$$

$$c_4 = -\frac{(n-2)(n+3)}{3\cdot 4}c_2 = (-1)^2\frac{n(n-2)(n+1)(n+3)}{4!}c_0$$

......

ここで，$c_0 = 1, c_1 = 0$ として，以下の係数を (3) によって定めることによって得られる整級数の表す関数を $\varphi_n(x)$ とする．

$$\varphi_n(x) = 1 - \frac{n(n+1)}{2!}x^2 + \frac{n(n-2)(n+1)(n+3)}{4!}x^4 - \cdots \quad (4)$$

また，$c_0 = 0, c_1 = 1$ として得られる整級数の表す関数を $\psi_n(x)$ とする．

$$\psi_n(x) = x - \frac{(n-1)(n+2)}{3!}x^3 + \frac{(n-1)(n-3)(n+2)(n+4)}{5!}x^5 - \cdots \quad (5)$$

(3) から，

$$\lim_{k\to\infty}\frac{c_k}{c_{k+2}} = \lim_{k\to\infty}\frac{(k+2)(k+1)}{(k-n)(k+n+1)} = 1$$

であるから，(4), (5) が無限級数の場合には，収束半径は 1 となり，$|x| < 1$ では，(4), (5) は (1) の一組の基本解であることがわかる．

● ルジャンドルの多項式 ●

n が偶数のときは，(4) の式における x^{n+2} の係数は，

$$\frac{n(n-2)\cdots(n-n)(n+1)(n+3)\cdots(n+n+1)}{n!} = 0$$

となり，以降の係数もすべて 0 である．ゆえに，$\varphi_n(x)$ は n 次の多項式となる．

x^n の係数は,

$$\frac{n(n-2)\cdots 2(n+1)(n+3)\cdots(2n-1)}{n!}$$

$$=\frac{\left(2^{\frac{n}{2}}\cdot\frac{n}{2}\cdot\left(\frac{n}{2}-1\right)\cdot\cdots\cdot 1\right)\times(1\cdot 2\cdot\cdots\cdot n(n+1)(n+2)\cdots 2n)}{n!\times(1\cdot 2\cdot\cdots\cdot n)\times((n+2)(n+4)\cdots 2n)}$$

$$=\frac{2^{\frac{n}{2}}\left(\frac{n}{2}\right)!}{n!}\cdot\frac{(2n)!}{n!}\cdot\frac{2^{\frac{n}{2}}\left(\frac{n}{2}\right)!}{2^n n!}$$

$$=\frac{(2n)!\left(\left(\frac{n}{2}!\right)\right)^2}{(n!)^3}$$

であるが,これが,

$$\frac{(2n)!}{2^n(n!)^2} \tag{6}$$

となるように適当な数を乗じて得られる多項式を $P_n(x)$ と書く.

n が奇数のときは,$\psi_n(x)$ が多項式となるが,同様に,最高次の係数が (6) となるように適当な数を乗じたものを $P_n(x)$ と書く.

ゆえに,$n=0,1,2,\cdots$ について,

$$P_n(x)=\frac{(2n)!}{2^n(n!)^2}\left(x^n-\frac{n(n-1)}{2(2n-1)}x^{n-2}\right.$$
$$\left.+\frac{n(n-1)(n-2)(n-3)}{2\cdot 4(2n-1)(2n-3)}x^{n-4}-\cdots\right) \tag{7}$$

これを,**ルジャンドルの多項式**という.

$$P_0(x)=1, \qquad\qquad P_1(x)=x$$
$$P_2(x)=\frac{1}{2}(3x^2-1), \qquad P_3(x)=\frac{1}{2}(5x^3-3x)$$
$$P_4(x)=\frac{1}{8}(35x^4-30x^3+3), \quad P_5(x)=\frac{1}{8}(63x^5-70x^3+15x)$$

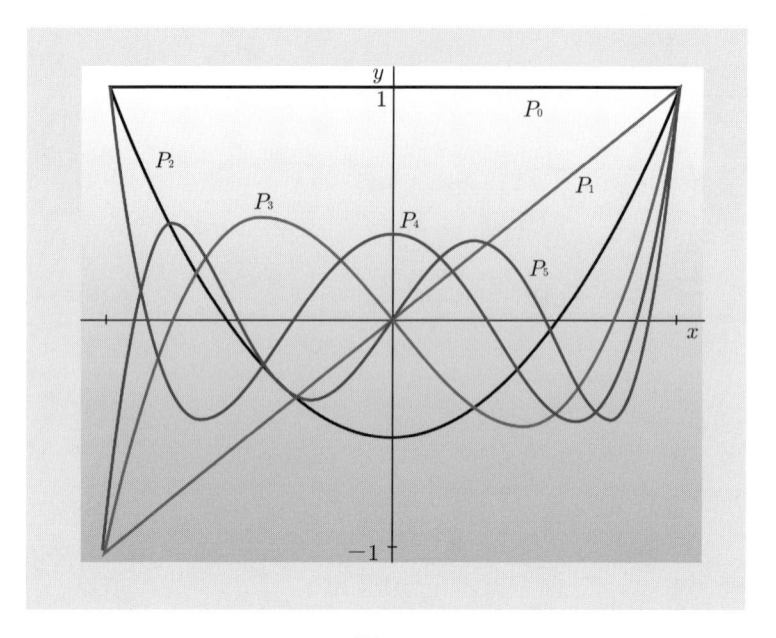

図 5.1

● ロドリグの公式 ●

$$P_n(x) = \frac{1}{2^n n!} \frac{d^n}{dx^n}(x^2-1)^n \tag{8}$$

なぜならば，まず右辺の多項式の最高次の係数は，x^{2n} を n 回微分すれば $\frac{(2n)!}{n!}x^n$ となるから，$\frac{(2n)!}{2^n (n!)^2}$ となり，(7) の x^n の係数と一致する．

いま，(8) において，右辺を

$$P_n(x) = a_n x^n + a_{n-2} x^{n-2} + \cdots$$

とし，(8) の右辺で $(x^2-1)^n$ を展開して微分を実行すれば，$k = 0, 1, \cdots, n$ に対し，

$$a_{n-2k} = (-1)^k \frac{1}{2^n n!} \cdot \frac{n!}{k!(n-k)!} \cdot \frac{(2n-2k)!}{(n-2k)!}$$

であるから，

$$\frac{a_{n-2k}}{a_{n-2k-2}} = -\frac{(k+1)(2n-2k)(2n-2k-1)}{(n-k)(n-2k)(n-2k-1)} = \frac{(-2k-2)(2n-2k-1)}{(n-2k)(n-2k-1)}$$

これは，(3) で，k のところを $n-2k-2$ としたものと同じになる．

ゆえに，x^n からはじめて，$x^{n-2}, x^{n-4}, \cdots$ の係数は (8) の右辺と左辺ですべて一致し，(8) が示された．

例1 $P_n(1) = 1, \quad P_n(-1) = (-1)^n$

積の高階導関数に関するライプニッツの公式

$$(uv)^{(n)} = \sum_{k=0}^{n} {}_n\mathrm{C}_k u^{(n-k)} v^{(k)} \tag{9}$$

を，$(x^2-1)^n = (x+1)^n(x-1)^n$ に対して，

$$u = (x+1)^n, \quad v = (x-1)^n$$

として用いる．そのとき，

$$\frac{d^k}{dx^k}(x-1)^n = \frac{n!}{(n-k)!}(x-1)^{n-k}$$

であるから，$k < n$ ならば，この式は $x=1$ のとき 0 となり，$k=n$ ならば $n!$ となる．

したがって，

$$P_n(1) = \frac{1}{2^n n!} \sum_{k=0}^{n} {}_n\mathrm{C}_k \left[((x+1)^n)^{(n-k)} ((x-1)^n)^{(k)} \right]_{x=1}$$

$$= \frac{1}{2^n n!} {}_n\mathrm{C}_n \left[(x+1)^n \cdot n! \right]_{x=1} = 1$$

同様に，

$$P_n(-1) = \frac{1}{2^n n!} {}_n\mathrm{C}_0 \left[n! \cdot (x-1)^n \right]_{x=-1} = (-1)^n$$

問 1 (1) $((1-x^2)P_m')' = -m(m+1)P_m$, $((1-x^2)P_n')' = -n(n+1)P_n$ の第一式に P_n を乗じ，第二式に P_m を乗じて引き算をし，積分することにより，

$$\int_{-1}^1 P_m(x)P_n(x)dx = 0 \qquad (m \neq n)$$

を示せ．

(2) $\int_{-1}^1 (P_n(x))^2 dx$ を求めるためにロドリグの公式 (8) を用い部分積分を行う．(途中の経過をたしかめよ．)

$$\int_{-1}^1 (P_n(x))^2 dx = \left(\frac{1}{2^n n!}\right)^2 \int_{-1}^1 \left(\frac{d^n}{dx^n}(x^2-1)^n\right)\left(\frac{d^n}{dx^n}(x^2-1)^n\right)dx$$

$$= (-1)^n \left(\frac{1}{2^n n!}\right)^2 (2n)! \int_{-1}^1 (x^2-1)^n dx$$

$$= (-1)^n \frac{(2n)!}{2^{2n}(n!)^2} \int_{-1}^1 (x+1)^n (x-1)^n dx$$

$$= \frac{(2n)!}{2^{2n}(n!)^2} \frac{n(n-1)\cdots 1}{(n+1)(n+2)\cdots 2n} \int_{-1}^1 (x+1)^{2n} dx$$

$$= \frac{2}{2n+1}$$

問 2 $\dfrac{d}{dx}(x^2-1)^n = 2nx(x^2-1)^{n-1}$

したがって，

$$2nx(x^2-1)^n = (x^2-1)\frac{d}{dx}(x^2-1)^n$$

この式の両辺を $n+1$ 回微分することにより，ロドリグの公式の右辺の関数 $\dfrac{d^n}{dx^n}(x^2-1)^n$ が，ルジャンドルの微分方程式を満たしていることを，直接導け．

5.4 ベッセルの微分方程式

$$x^2 y'' + xy' + (x^2 - n^2)y = 0 \tag{1}$$

をベッセルの微分方程式という．ここで，n は任意の定数であるが，用いられる多くの場合，正整数，または半整数，すなわち，$\dfrac{1}{2}, \dfrac{3}{2}, \cdots$ である．

(1) と近縁の微分方程式

$$x^2 y'' + xy' - n^2 y = 0$$

は 3.6 節で述べたオイラーの方程式であり，その基本解は，

$$y = x^m$$

ただし，m は $m(m-1) + m - n^2 = 0$ から定められ，

$$m = \pm n \tag{2}$$

であった．

そこで，(1) の解は，

$$\begin{aligned} y &= x^n(c_0 + c_1 x + c_2 x^2 + \cdots) \\ &= c_0 x^n + c_1 x^{n+1} + c_2 x^{n+2} + \cdots \end{aligned} \tag{3}$$

で与えられるとし，これを (1) の左辺に代入して，x^{n+k} の係数を求め，0 とおく．

まず，$k = 1$ のとき，

$$(n+1)n c_1 + (n+1)c_1 - n^2 c_1 = 0$$

ゆえに，

$$(2n+1)c_1 = 0 \qquad \therefore \quad c_1 = 0$$

そして $k \geqq 2$ のときは，

$$(n+k)(n+k-1)c_k + (n+k)c_k + c_{k-2} - n^2 c_k = 0$$
$$\therefore \quad ((n+k)^2 - n^2)c_k + c_{k-2} = 0$$

したがって,

$$c_k = 0 \quad (k = 1, 3, 5, \cdots)$$
$$c_k = -\frac{1}{k(2n+k)} c_{k-2} \quad (k = 2, 4, 6, \cdots)$$

ゆえに,

$$c_2 = -\frac{1}{2(2n+2)} c_0$$
$$c_4 = -\frac{1}{4(2n+4)} c_2 = (-1)^2 \frac{1}{2 \cdot 4 \cdot (2n+2)(2n+4)} c_0$$

一般に,

$$\begin{aligned}
c_{2k} &= (-1)^k \frac{1}{2 \cdot 4 \cdot \cdots \cdot 2k (2n+2)(2n+4) \cdots (2n+2k)} c_0 \\
&= (-1)^k \frac{1}{2^{2k}} \frac{1}{k!} \frac{1}{(n+1)(n+2) \cdots (n+k)} c_0 \\
&= (-1)^k \frac{1}{2^{2k} k!} \frac{\Gamma(n+1)}{\Gamma(n+k+1)} c_0
\end{aligned} \tag{4}$$

となる. (n は整数と仮定していないから, $\Gamma(n+1) = n!$ などと書くわけにはいかない.)

式の形を簡単にするため, $c_0 = \dfrac{1}{2^n \Gamma(n+1)}$ とおく. そして得られる次の式が, (3) の y となる.

$$J_n(x) = \left(\frac{x}{2}\right)^n \sum_{k=0}^{\infty} \frac{(-1)^k}{k! \Gamma(n+k+1)} \left(\frac{x}{2}\right)^{2k} \tag{5}$$

これを **n 次のベッセル関数**という.

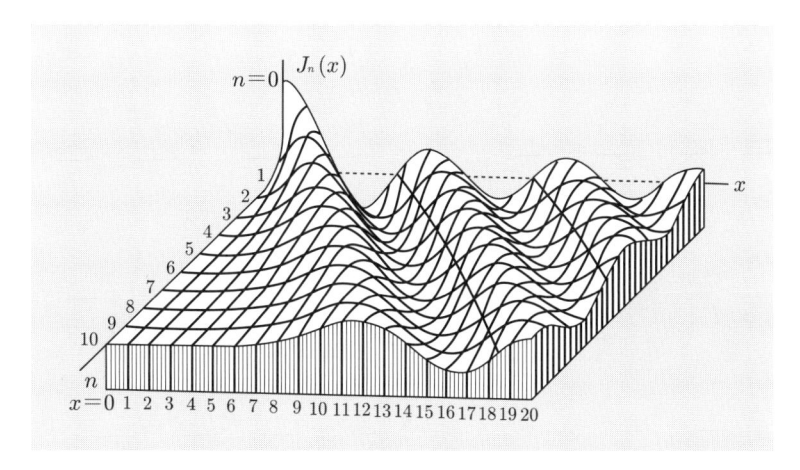

図 5.2

(4) から,

$$\lim_{k\to\infty}\frac{c_k}{c_{k+1}} = \lim_{k\to\infty} 2^2(k+1)\frac{\Gamma(n+k+2)}{\Gamma(n+k+1)} = \lim_{k\to\infty} 2^2(k+1)(n+k+1) = \infty$$

であるから, (4) の収束半径は ∞ である.

(5) は $n > 0$ として導いた. しかし, (2) では $m = -n$ という解も得られているのであるから, 当然, 同様に,

$$J_{-n}(x) = \left(\frac{x}{2}\right)^{-n}\sum_{k=0}^{\infty}\frac{(-1)^k}{k!\Gamma(-n+k+1)}\left(\frac{x}{2}\right)^{2k} \tag{6}$$

も解となる. ただし, ここで, $\Gamma(-n+k+1)$ があり, $k \leqq n-1$ のときは $-n+k+1 \leqq 0$ で, $\Gamma(p)$ は 4.2 節では $p > 0$ のときにしか定義されていないから, $p \leqq 0$ のときにも $\Gamma(p)$ が使えるように定義を拡張しておかなければならない.

$\Gamma(p)$ の基本的な性質は,

$$\Gamma(p+1) = p\Gamma(p)$$

であった. すなわち,

$$\frac{1}{\Gamma(p)} = p\frac{1}{\Gamma(p+1)} \tag{7}$$

この式を用いればたとえば，$\dfrac{1}{\Gamma\left(-\dfrac{5}{2}\right)}$ は，

$$\frac{1}{\Gamma\left(-\frac{5}{2}\right)} = \left(-\frac{5}{2}\right)\frac{1}{\Gamma\left(-\frac{3}{2}\right)} = \left(-\frac{5}{2}\right)\left(-\frac{3}{2}\right)\frac{1}{\Gamma\left(-\frac{1}{2}\right)}$$

$$= \left(-\frac{5}{2}\right)\left(-\frac{3}{2}\right)\left(-\frac{1}{2}\right)\frac{1}{\Gamma\left(\frac{1}{2}\right)} = -\frac{15}{8}\frac{1}{\sqrt{\pi}}$$

とその値を求めることができる．

それでは，$\dfrac{1}{\Gamma(-2)}$ はどうなるか求めてみよう．

$$\frac{1}{\Gamma(-2)} = (-2)\frac{1}{\Gamma(-1)} = (-2)(-1)\frac{1}{\Gamma(0)} = (-2)(-1)0\frac{1}{\Gamma(1)} = 0$$

である．すなわち，

$$\frac{1}{\Gamma(p)} = 0 \qquad (p = 0, -1, -2, \cdots)$$

これが (7) で，わざわざ $\Gamma(p)$ を分母にもっていったわけで，$\Gamma(p)$ では，$p = 0, -1, -2, \cdots$ のとき，その値を定義できないことになる．

以上によって，次のことが知られた．

$n > 0$ が整数でないときは，

$$J_n(x), \quad J_{-n}(x)$$

は，微分方程式 (1) の一組の基本解である．

n が正整数のとき，

$$J_{-n}(x) = (-1)^n J_n(x) \tag{8}$$

(8) を証明しよう.

(6) において，$-n+k+1 \leqq 0$ である間，係数は 0 である．ゆえに，和は，$-n+k+1=1$ のとき，すなわち $k=n$ からはじまる．そして，それ以後の k について，$-n+k+1$ は正整数であるから，

$$\Gamma(-n+k+1) = (-n+k)!$$

ここで，$m=-n+k$ とおくと，$k=m+n$ であるから，

$$\begin{aligned}
J_{-n} &= \left(\frac{x}{2}\right)^{-n} \sum_{k=n}^{\infty} \frac{(-1)^k}{k!\,(-n+k)!} \left(\frac{x}{2}\right)^{2k} \\
&= \left(\frac{x}{2}\right)^{-n} \sum_{m=0}^{\infty} \frac{(-1)^{m+n}}{(m+n)!\,m!} \left(\frac{x}{2}\right)^{2(m+n)} \\
&= (-1)^n \left(\frac{x}{2}\right)^n \sum_{m=0}^{\infty} \frac{(-1)^m}{m!\,(m+n)!} \left(\frac{x}{2}\right)^{2m} = (-1)^n J_n(x)
\end{aligned}$$

n が正整数のときは，(8) によって，$J_n(x), J_{-n}(x)$ は基本解とはならないから，$J_{-n}(x)$ をおきかえるものを考えなければならない．

そこで，一般に，

$$N_n(x) = \frac{1}{\sin n\pi}[\cos n\pi J_n(x) - J_{-n}(x)] \tag{9}$$

とおく．ここで，右辺は $n \neq$ 整数 ならば定義されるが，n が整数のときは，

$$N_n(x) = \lim_{\nu \to n} N_\nu(x) \tag{10}$$

とおく．ここで，詳細は省略するが，(10) における極限値は存在する．(9)，(10) によって定義された関数 $N_n(x)$ を **n 次のノイマン関数**という．これも，微分方程式 (1) の解である．

n が整数でないときは，$J_{-n}(x)$ は $J_n(x)$ と $N_n(x)$ で表すことができる．すなわち，$J_n(x), N_n(x)$ を (1) の一組の基本解としてとることができる．そして，このことは，すべての n について成り立つ．すなわち，

n がどのような数でも，$J_n(x), N_n(x)$ は (1) の一組の基本解である．
また，
$$H_n^{(1)}(x) = J_n(x) + iN_n(x), \quad H_n^{(2)}(x) = J_n(x) - iN_n(x)$$
とおいて，これを，それぞれ**第 1 種，第 2 種のハンケル関数**という．$H_n^{(1)}(x), H_n^{(2)}(x)$ も一組の基本解をなしている．

これら，ベッセルの微分方程式の解をなす関数，ならびに，それらから導かれた関数はいろいろあり，多方面で活用されるが，ここではこれ以上は述べない．

例 1 $\quad J_{\frac{1}{2}}(x) = \sqrt{\dfrac{2}{\pi x}} \sin x, \quad J_{-\frac{1}{2}}(x) = \sqrt{\dfrac{2}{\pi x}} \cos x$

(5) で，$n = \dfrac{1}{2}$ とすれば，
$$J_{\frac{1}{2}}(x) = \left(\frac{x}{2}\right)^{\frac{1}{2}} \sum_{k=0}^{\infty} \frac{(-1)^k}{k!\, \Gamma\left(\frac{1}{2} + k + 1\right)} \left(\frac{x}{2}\right)^{2k}$$

$$\Gamma\left(\frac{1}{2} + k + 1\right) = \left(\frac{1}{2} + k\right)\left(\frac{1}{2} + k - 1\right) \cdots \frac{1}{2} \Gamma\left(\frac{1}{2}\right)$$
$$= \frac{1}{2^{k+1}} 1 \cdot 3 \cdots (2k+1) \sqrt{\pi}$$

であるから，

$$\text{上式右辺} = \sqrt{\frac{2}{\pi x}} \sum_{k=0}^{\infty} \frac{(-1)^k}{2 \cdot 4 \cdot \cdots \cdot 2k \cdot 1 \cdot 3 \cdots (2k+1)} x^{2k+1}$$
$$= \sqrt{\frac{2}{\pi x}} \sum_{k=0}^{\infty} \frac{(-1)^k}{(2k+1)!} x^{2k+1} = \sqrt{\frac{2}{\pi x}} \sin x$$

$J_{-\frac{1}{2}}(x)$ についても，同様に計算される．

5.4 ベッセルの微分方程式

例 2
$$J'_n(x) = \frac{n}{x} J_n(x) - J_{n+1}(x) \tag{11}$$
$$= -\frac{n}{x} J_n(x) + J_{n-1}(x) \tag{12}$$

これから, $J_0(x), J'_0(x)$ が計算されてあれば, $J_1(x), J'_1(x), J_2(x), J'_2(x), \cdots$ は簡単な四則演算だけで求められることになる．

(11) を証明しよう．

$$J'_n(x) = \left(\sum_{k=0}^{\infty} \frac{(-1)^k}{k!\,\Gamma(n+k+1)} \left(\frac{x}{2}\right)^{n+2k} \right)'$$

$$= \sum_{k=0}^{\infty} \frac{(-1)^k}{k!\,\Gamma(n+k+1)} \frac{n+2k}{2} \left(\frac{x}{2}\right)^{n+2k-1}$$

$$= \frac{n}{2} \left(\frac{x}{2}\right)^{n-1} \sum_{k=0}^{\infty} \frac{(-1)^k}{k!\,\Gamma(n+k+1)} \left(\frac{x}{2}\right)^{2k}$$
$$+ \left(\frac{x}{2}\right)^n \sum_{k=0}^{\infty} \frac{(-1)^k k}{k!\,\Gamma(n+k+1)} \left(\frac{x}{2}\right)^{2k-1}$$

$$= \frac{n}{x} \left(\frac{x}{2}\right)^n \sum_{k=0}^{\infty} \frac{(-1)^k}{k!\,\Gamma(n+k+1)} \left(\frac{x}{2}\right)^{2k}$$
$$- \left(\frac{x}{2}\right)^{n+1} \sum_{k=1}^{\infty} \frac{(-1)^{k-1}}{(k-1)!\,\Gamma(n+1+k-1+1)} \left(\frac{x}{2}\right)^{2(k-1)}$$

$$= \frac{n}{x} J_n(x) - J_{n+1}(x)$$

(12) については, 同様に, $\Gamma(n+k+1) = (n+k)\Gamma(n+k)$ によって,

$$J'_n(x) = \sum_{k=0}^{\infty} \frac{(-1)^k}{k!\,\Gamma(n+k+1)} \frac{-n+2(n+k)}{2} \left(\frac{x}{2}\right)^{n+2k-1}$$

$$= -\frac{n}{x} J_n(x) + \sum_{k=0}^{\infty} \frac{(-1)^k}{k!\,\Gamma(n+k)} \left(\frac{x}{2}\right)^{n-1+2k}$$

$$= -\frac{n}{x} J_n(x) + J_{n-1}(x)$$

例 3 $y'' + cx^p y = 0$ の解は, $x^{\frac{1}{2}} J_{\pm \frac{1}{p+2}} \left(\dfrac{2c^{\frac{1}{2}}}{p+2} x^{\frac{p+2}{2}} \right)$ で与えられる.
特に, $y'' + xy = 0$ の解は, $x^{\frac{1}{2}} J_{\pm \frac{1}{3}} \left(\dfrac{2}{3} x^{\frac{3}{2}} \right)$.

これを示すために, $y(x)$ は $y'' + cx^p y = 0$ の解とし, $z(x) = x^\alpha y(\lambda x^\beta)$ を考える. $y''(\lambda x^\beta) + c\lambda^p x^{\beta p} y(\lambda x^\beta) = 0$ であるから,

$$z' = \alpha x^{\alpha-1} y + \beta \lambda x^{\alpha+\beta-1} y'$$

$$z'' = \alpha(\alpha-1) x^{\alpha-2} y + \beta \lambda (\alpha + \alpha + \beta - 1) x^{\alpha+\beta-2} y' + \beta^2 \lambda^2 x^{\alpha+2\beta-2} y''$$

$$= \alpha(\alpha-1) x^{\alpha-2} y + \beta \lambda (2\alpha + \beta - 1) x^{\alpha+\beta-2} y' - c\beta^2 \lambda^{p+2} x^{\alpha+\beta(p+2)-2} y$$

ゆえに,

$$x^2 z'' + x z' = \alpha^2 x^\alpha y - c\beta^2 \lambda^{p+2} x^{\alpha+\beta(p+2)} y + \beta \lambda (2\alpha + \beta) x^{\alpha+\beta} y'$$

$$= \alpha^2 z - c\beta^2 \lambda^{p+2} x^{\beta(p+2)} z + \beta \lambda (2\alpha + \beta) x^{\alpha+\beta} y' \quad (13)$$

そこで, いま, $(p+2)\beta = 2$, $2\alpha + \beta = 0$, $\alpha \beta^2 \lambda^{p+2} = 1$. すなわち,

$$\beta = \frac{2}{p+2}, \quad \alpha = -\frac{1}{p+2}, \quad \lambda = \left(\frac{1}{c\beta^2} \right)^{\frac{1}{p+2}}$$

とすれば, (13) より,

$$x^2 z'' + x z' + \left(x^2 - \frac{1}{(p+2)^2} \right) z = 0$$

となる. この方程式の解は,

$$z = J_{\pm \frac{1}{p+2}} (x)$$

これから, もとの y にもどせばよい. すなわち, いま $\lambda x^\beta = t$ とおくと,

$$x = \left(\frac{t}{\lambda} \right)^{\frac{1}{\beta}} = \left(\frac{t^{p+2}}{\lambda^{p+2}} \right)^{\frac{1}{2}} = (c\beta^2)^{\frac{1}{2}} t^{\frac{p+2}{2}} = \frac{2c^{\frac{1}{2}}}{p+2} t^{\frac{p+2}{2}}$$

$$x^{-\alpha} = \left(\frac{2c^{\frac{1}{2}}}{p+2} \right)^{-\alpha} t^{\frac{1}{2}}$$

5.4 ベッセルの微分方程式

ゆえに $y(\lambda x^\beta) = x^{-\alpha} z(x)$ から,

$$y(t) = \left(\frac{2c^{\frac{1}{2}}}{p+2}\right)^{-\alpha} t^{\frac{1}{2}} z\left(\frac{2c^{\frac{1}{2}}}{p+2} t^{\frac{p+2}{2}}\right)$$

この右辺は $t^{\frac{1}{2}} J_{\pm\frac{1}{p+2}}\left(\dfrac{2c^{\frac{1}{2}}}{p+2} t^{\frac{p+1}{2}}\right)$ に定数係数のついた形である.

例 4 $y' = x^2 - y^2$ の解は, u を

$$x^{\frac{1}{2}} J_{\frac{1}{4}}\left(\frac{i}{2}x^2\right), \quad x^{\frac{1}{2}} J_{-\frac{1}{4}}\left(\frac{i}{2}x^2\right)$$

の線形結合として, $y = \dfrac{u'}{u}$ で与えられる.

実際, $y = \dfrac{u'}{u}$ を微分すれば,

$$y' = \frac{u''u - u'^2}{u^2}$$

これを, もとの方程式に代入すれば,

$$u''u - u'^2 = u^2\left(x^2 - \frac{u'^2}{u^2}\right) = x^2 u^2 - u'^2 \quad \therefore \quad u'' - x^2 u = 0$$

この解は, 例 3 の結果から, $x^{\frac{1}{2}} J_{\frac{1}{4}}\left(\dfrac{i}{2}x^2\right), x^{\frac{1}{2}} J_{-\frac{1}{4}}\left(\dfrac{i}{2}x^2\right)$ の線形結合である.

問 1 次の等式を証明せよ.
(1) $(x^{-n} J_n(x))' = -x^{-n} J_{n+1}(x)$
(2) $(x^n J_n(x))' = x^n J_{n-1}(x)$
(3) $\dfrac{n}{x} J_n(x) = \dfrac{1}{2}(J_{n+1}(x) + J_{n-1}(x))$

問 2 $I_n(x) = \left(\dfrac{x}{2}\right)^n \displaystyle\sum_{k=0}^{\infty} \dfrac{1}{k!\,\Gamma(n+k+1)} \left(\dfrac{x}{2}\right)^{2k}$ は, 微分方程式 $x^2 y'' + xy' - (x^2 + n^2) y = 0$ の解であることを示せ.
$I_n(x)$ は**変形ベッセル関数**とよばれる.

問 3 微分方程式 $x(1-x) y'' + (1-3x) y' - y = 0$ の解を求めよ.

第6章 偏微分方程式入門

6.1 偏微分方程式

　この章では，偏微分方程式について，物理学や工学でよく現れる次のタイプの2階線形の方程式を，入門的に解説する．

　　振動の方程式(波動方程式)
　　熱方程式
　　ラプラスの方程式

　振動の方程式は18世紀中頃から，熱方程式，ラプラスの方程式は19世紀はじめから，物理現象を記述する重要な偏微分方程式として登場し，現在に至るまで，非常に広汎な研究がある．

　物理量を記述するには，時刻や場所の関数としてとらえ，記述しなければならない．物理量を u とすれば，1次元の場合，

$$u = u(t,x) \qquad (t \text{ は時間変数}, x \text{ は位置の変数})$$

という関数であり，したがって，u のこれらの変数に関する偏導関数

$$u, \frac{\partial u}{\partial t}, \frac{\partial u}{\partial x}, \frac{\partial^2 u}{\partial t^2}, \frac{\partial^2 u}{\partial t \partial x}, \frac{\partial^2 u}{\partial x^2}, \cdots$$

を含んだ式が，微分方程式として論ぜられる対象となる．

6.2 弦の振動の方程式

● 弦の振動の方程式 ●

いま，両端を固定した弦の振動を考えよう．弦の静止の位置 (平衡状態の位置) を x 軸にとる．弦は平面内で振動しているとし，その平面内で x 軸に垂直な方向の時刻 t における変位の大きさを $u(t,x)$ とし，$u(t,x)$ を記述する微分方程式を考えよう．ただし，振動の大きさは微小であるとする．

弦の各点における張力は一定である．このことは容易に示されることであるが，ここではこれを仮定し，その大きさを T とする．また，弦の各点における比重 (密度は) 一定であるとし，これを ρ とする．

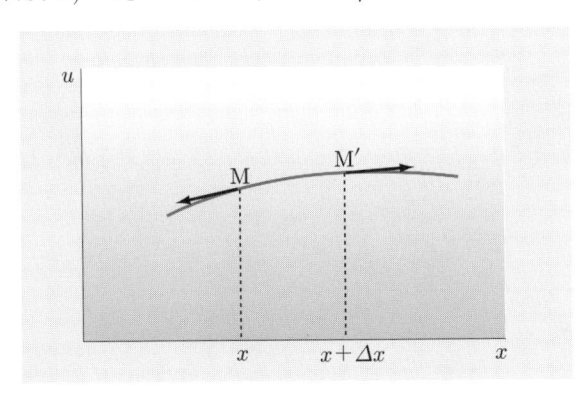

図 6.1

弦の微小部分における運動の方程式をつくろう．いま，この部分を MM′ とすれば，この部分に働く力は，その両端における張力である．その大きさは T であるから，その x 軸に垂直な方向への分力は，M, M′ における接線が x 軸となす角を α, α' とすれば，

$$T \cdot \sin \alpha' - T \cdot \sin \alpha = T(\sin \alpha' - \sin \alpha) \tag{1}$$

である．α, α' が小さければ，$\sin \alpha = \tan \alpha, \sin \alpha' = \tan \alpha'$ と見てよい．

そして，
$$\tan\alpha = \frac{\partial u}{\partial x}(t,x), \quad \tan\alpha' = \frac{\partial u}{\partial x}(t, x+\Delta x)$$
であるから，(1) は，
$$T(\tan\alpha' - \tan\alpha) = T\left\{\frac{\partial u}{\partial x}(t, x+\Delta x) - \frac{\partial u}{\partial x}(t,x)\right\}$$
$$= T\cdot\frac{\partial^2 u}{\partial x^2}(t,x)\cdot\Delta x$$

となる．そして，弦の部分 MM' の質量は $\rho\Delta x$ だから，運動の方程式は，
$$\rho\cdot\Delta x\cdot\frac{\partial^2 u}{\partial t^2} = T\cdot\frac{\partial^2 u}{\partial x^2}\cdot\Delta x$$

すなわち，
$$\frac{\partial^2 u}{\partial t^2} = \frac{T}{\rho}\frac{\partial^2 u}{\partial x^2}$$

$\dfrac{T}{\rho}$ は正の一定値である．これを c^2 とすれば，弦の**振動の微分方程式**は，
$$\frac{\partial^2 u}{\partial t^2} = c^2\frac{\partial^2 u}{\partial x^2} \qquad (2)$$

である．

● **ダランベールの解** ●

方程式 (2) において，
$$\xi = x - ct, \quad \eta = x + ct$$
とおいて変数変換すると，u は ξ, η の関数となり，偏微分の連鎖法則によって，
$$\frac{\partial u}{\partial t} = \frac{\partial u}{\partial \xi}\frac{\partial \xi}{\partial t} + \frac{\partial u}{\partial \eta}\frac{\partial \eta}{\partial t} = -c\frac{\partial u}{\partial \xi} + c\frac{\partial u}{\partial \eta}$$
$$\frac{\partial^2 u}{\partial t^2} = c^2\frac{\partial^2 u}{\partial \xi^2} - 2c^2\frac{\partial^2 u}{\partial \xi\partial \eta} + c^2\frac{\partial^2 u}{\partial \eta^2} \qquad (3)$$

同様に，

6.2 弦の振動の方程式

$$\frac{\partial^2 u}{\partial x^2} = \frac{\partial^2 u}{\partial \xi^2} + 2\frac{\partial^2 u}{\partial \xi \partial \eta} + \frac{\partial^2 u}{\partial \eta^2} \tag{4}$$

(3) − (4) × c^2 をつくれば，(2) によって左辺は 0 であるから，

$$\frac{\partial^2 u}{\partial \xi \partial \eta} = 0 \tag{5}$$

が得られる．

これは，

$$\frac{\partial}{\partial \xi}\left(\frac{\partial u}{\partial \eta}\right) = 0$$

と見れば，$\dfrac{\partial u}{\partial \eta}$ が ξ によらない値をもったもの，すなわち η のみの関数 $\psi(\eta)$ であることを示している．

$$\frac{\partial u}{\partial \eta} = \psi(\eta) \tag{6}$$

からは，

$$u(\xi, \eta) = \int \psi(\eta) d\eta + \varphi \tag{7}$$

が得られるが，ここで φ は η に無関係な値，というわけだから，ξ のみの関数である．

したがって (5) の解は，一般的に，

$$u(\xi, \eta) = \Phi(\xi) + \Psi(\eta)$$

という形をしたものであることがわかる．変数を，もとの t, x にもどせば，(2) の解は，

$$u(t, x) = \Phi(x - ct) + \Psi(x + ct) \tag{8}$$

という形であり，この形の任意の関数が (2) の解となる．これを，**ダランベールの解**という．

(8) の $\Phi(x - ct)$ の部分は，位置 x において観察すれば，時刻 t において

は，時刻 0 において $x-ct$ にあった値 (状態) が x の位置にまで来ていることになる．すなわち，状態が速度 c で進んできたわけで，この部分を**前進波**という．また $\Psi(x+ct)$ の部分は，逆向きに進んできた波で，この部分を**後退波**という．

さて，(8) の形から，ある点 x_0 でのある時刻 t_0 における解の値 $u(t_0, x_0)$ は，$t=0$ における $x=x_0-ct_0$ での値と，$x=x_0+ct_0$ における値にしか依存しない．

tx 平面において，

$$x - ct = a, \quad x + ct = b$$

は，方程式 (2) の**特性曲線**とよばれる．

そして，(t_0, x_0) を通る二つの特性曲線が x 軸と交わる 2 点を両端とする x 軸上の区間 $[x_0 - ct_0, x_0 + ct_0]$ を，点 (t_0, x_0) の**依存領域**という．また，x 軸上の点 $(0, x_0)$ を通る二つの特性曲線によって囲まれた平面の部分

$$|x - x_0| \leqq ct$$

を，この点の**影響領域**という．

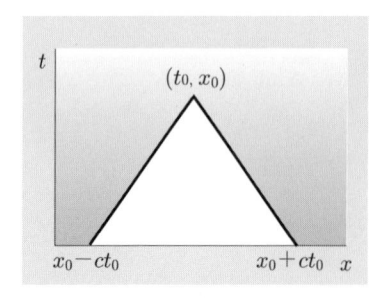

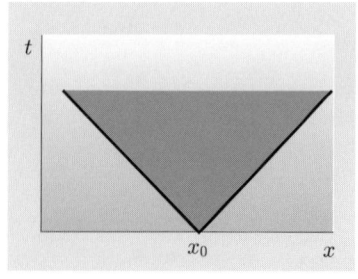

図 6.2

図 6.3

● フーリエ級数による解の表示 ●

弦の振動の方程式 (2) において，いま，

$$u(t, x) = T(t) X(x) \tag{9}$$

というように，t の関数と x の関数の積として表される解があるかどうか，調べてみよう．(9) を (2) に代入すれば，

$$T''(t)X(x) = c^2 T(t) X''(x)$$

すなわち，

$$\frac{T''(t)}{c^2 T(t)} = \frac{X''(x)}{X(x)} \tag{10}$$

となる．左辺は t のみの関数であり，右辺は x のみの関数である．そして，t, x は独立な変数だから，この式がすべての t, x について成り立つためには，この式の値は定数でなければならない．この値を λ とおくと，

$$T''(t) = c^2 \lambda T(t) \tag{11}$$

$$X''(x) = \lambda X(x) \tag{12}$$

さて，いま弦の両端は $x = 0$, $x = l$ の 2 点に固定されているとすれば，(2) の解で，

$$\begin{aligned} u(t, 0) &= 0 \\ u(t, l) &= 0 \end{aligned} \tag{13}$$

であるものを求めることが問題となる．(12) についていうと，

$$\begin{aligned} X(0) &= 0 \\ X(l) &= 0 \end{aligned} \tag{14}$$

となるものを求める，ということである．これは，区間 $[0, l]$ の端の点における値を指定しているもので，これを**境界条件**とよぶ．

(12) の一般解は，

$$\lambda > 0 \quad \text{のとき，} \quad X(x) = \alpha e^{\sqrt{\lambda} x} + \beta e^{-\sqrt{\lambda} x} \tag{15}$$

$$\lambda = 0 \quad \text{のとき，} \quad X(x) = \alpha + \beta x \tag{16}$$

$$\lambda < 0 \quad \text{のとき，} \quad X(x) = \alpha \cos \sqrt{-\lambda} x + \beta \sin \sqrt{-\lambda} x \tag{17}$$

である．(15), (16) のタイプでは，境界条件 (14) を満たすものは 0 だけであ

るが，(17) のタイプでは，

$$\alpha = 0$$
$$\beta \sin \sqrt{-\lambda} l = 0$$

ということであるから，

$$\sqrt{-\lambda} l = n\pi = 自然数 \times \pi$$

ならば，(14) を満たすことになる．すなわち，

$$\lambda = -\frac{n^2 \pi^2}{l^2}$$
$$X(x) = 定数 \times \sin \frac{n\pi x}{l} \qquad (n は自然数)$$

が解である．

そして，これを (11) に代入して解を求めれば，

$$T(t) = A_n \cos \frac{c}{l} n\pi t + B_n \sin \frac{c}{l} n\pi t$$

である．

(2) は，線形の方程式であるから，解の任意の線形結合は，また解となる．ゆえに，

$$u(t,x) = \sum_{n=1}^{\infty} \left(A_n \cos \frac{c}{l} n\pi t + B_n \sin \frac{c}{l} n\pi t \right) \sin \frac{n\pi x}{l} \qquad (18)$$

が一般の解である．

このように，まず (9) のように，二つの変数 t, x の別々の関数の積となる形の解を求め，それの和として一般の解を表示しようという方法を，**変数分離の方法**という．偏微分方程式の解を求めるに際して，いつでも利用可能というわけではないが，この方法によるとうまくいくこともある．

さて，今までは，境界条件 (13) だけを問題にしたが，これに，**初期条件**

6.2 弦の振動の方程式

$$u(0, x) = \varphi_0(x)$$
$$\frac{\partial u}{\partial t}(0, x) = \varphi_1(x) \tag{19}$$

をあわせ考えることにしよう．(18) から，

$$\sum_{n=1}^{\infty} A_n \sin \frac{n\pi x}{l} = \varphi_0(x) \tag{20}$$

$$\sum_{n=1}^{\infty} \frac{c}{l} n\pi B_n \sin \frac{n\pi x}{l} = \varphi_1(x) \tag{21}$$

ならば，(19) が満たされることになる．

$$\int_0^l \sin \frac{n\pi x}{l} \sin \frac{m\pi x}{l} dx = \begin{cases} \dfrac{l}{2} & (n = m) \\ 0 & (n \neq m) \end{cases}$$

であるから，(20), (21) に $\sin \dfrac{m\pi x}{l}$ を乗じて積分することにより，

$$A_m = \frac{2}{l} \int_0^l \varphi_0(x) \sin \frac{m\pi x}{l} dx$$

$$B_m = \frac{2}{cm\pi} \int_0^l \varphi_1(x) \sin \frac{m\pi x}{l} dx$$

関数を，このような三角関数の級数として表示したものを**フーリエ級数**という．フーリエ級数については，6.4 節でもう少し詳細に述べることとする．

例 1 $x = 0$ と $x = l$ において両端を固定された弦が，$t = 0$ のとき，弦の中点に垂直な直線を軸とした放物線の形をしているとする．このような弦について，任意の時刻における弦の形を調べる．ただし，初期速度は 0 とする．

上の記述で，

$$\varphi_0(x) = \frac{4h}{l^2}(lx - x^2)$$
$$\varphi_1(x) = 0$$

という場合である．

これから，

$$A_m = \frac{2}{l} \int_0^l \frac{4h}{l^2}(lx - x^2) \sin \frac{m\pi x}{l} dx$$

$$= \frac{8h}{l^3} \left\{ \left[(lx - x^2)\left(-\frac{l}{m\pi} \cos \frac{m\pi x}{l}\right) \right]_0^l + \frac{l}{m\pi} \int_0^l (l - 2x) \cos \frac{m\pi x}{l} dx \right\}$$

$$= \frac{8h}{l^2} \frac{1}{m\pi} \left\{ \left[(l - 2x)\left(\frac{l}{m\pi} \sin \frac{m\pi x}{l}\right) \right]_0^l + \frac{2l}{m\pi} \int_0^l \sin \frac{m\pi x}{l} dx \right\}$$

$$= \frac{16h}{l} \frac{1}{m^2 \pi^2} \left[-\frac{l}{m\pi} \cos \frac{m\pi x}{l} \right]_0^l$$

$$= \begin{cases} \dfrac{32h}{m^3 \pi^3} & (m \text{ が奇数のとき}) \\ 0 & (m \text{ が偶数のとき}) \end{cases}$$

そして，$B_m = 0 \quad (m = 1, 2, \cdots)$

したがって，(18) に従って，解は，

$$u(t, x) = \frac{32h}{\pi^3} \sum_{n=1}^{\infty} \frac{1}{(2n - 1)^3} \cos \frac{c}{l}(2n - 1)\pi t \sin \frac{(2n - 1)\pi x}{l}$$

となる．

問 1 $x = 0$ と $x = l$ において両端を固定された弦が，その中点において高さ h に引き上げられた後，時刻 $t = 0$ において離されたとき，弦の振動の状態を記述せよ．

問 2 (18) の形に与えられた解を，前進波と後退波に分解せよ．

6.3 円形膜の振動

● 波動方程式 ●

前節の弦の振動の方程式を一般化して，

$$\frac{\partial^2 u}{\partial t^2} = c^2 \Delta u \tag{1}$$

を，**波動方程式**という．ここで，Δ はラプラシアンで，2次元のときは，

$$\Delta u = \frac{\partial^2 u}{\partial x^2} + \frac{\partial^2 u}{\partial y^2}$$

である．この方程式は，一般に振動の状態を記述するために用いられる．

いま，2次元で，円形の枠

$$\{(x,y) : x^2 + y^2 = R^2\} \tag{2}$$

に周囲を張りつけた膜の振動を考えよう．このとき $u(t,x,y)$ は，この枠の平面からの高さを表す．

$u(t,x,y)$ は，t,x,y 3変数の関数であるが，(1) の解を求めるために，変数分離の方法によることとし，

$$u(t,x,y) = T(t)U(x,y) \tag{3}$$

を (1) に代入すれば，

$$T''(t)U(x,y) = c^2 T(t)\Delta U(x,y)$$

となる．

$$\therefore \quad \frac{1}{c^2}\frac{T''(t)}{T(t)} = \frac{\Delta U(x,y)}{U(x,y)}$$

t,x,y が独立な変数であることから，この式は定数でなければならない．この値を λ とする．したがって，

$$\Delta U(x,y) = \frac{\partial^2 U}{\partial x^2} + \frac{\partial^2 U}{\partial y^2} = \lambda U \tag{4}$$

いま，(2) の枠の中の領域を D とする．

$$D = \{(x, y) : x^2 + y^2 \leqq R^2\} \tag{5}$$

D の周，すなわち (2) の上では $U(x,y) = 0$ である．そうすると，グリーンの公式によって，

$$\begin{aligned}
\lambda \iint_D U^2 dxdy &= \iint_D U \cdot \Delta U dxdy \\
&= \iint_D U \frac{\partial^2 U}{\partial x^2} dxdy + \iint_D U \frac{\partial^2 U}{\partial y^2} dxdy \\
&= -\iint_D \left\{ \left(\frac{\partial U}{\partial x}\right)^2 + \left(\frac{\partial U}{\partial y}\right)^2 \right\} dxdy
\end{aligned}$$

このことから，$\lambda < 0$ であることが知られる．そこで，

$$\lambda = -k^2 \tag{6}$$

とおく．

さらに U の形を求めるために，極座標 (r, θ) に変換して，

$$U(x, y) = U(r, \theta)$$

とする．(左辺と右辺で，関数 U の形は異なるが，このように書いておいたほうが，便利である．) ここで，

$$x = r\cos\theta, \quad y = r\sin\theta$$

であるから，(5) の領域は，

$$0 \leqq r \leqq R, \quad 0 \leqq \theta < 2\pi$$

となる．

偏微分の連鎖法則から，

6.3 円形膜の振動

$$\frac{\partial U}{\partial r} = \frac{\partial U}{\partial x}\cos\theta + \frac{\partial U}{\partial y}\sin\theta$$

$$\frac{\partial^2 U}{\partial r^2} = \frac{\partial^2 U}{\partial x^2}\cos^2\theta + \frac{\partial^2 U}{\partial y^2}\sin^2\theta + 2\frac{\partial^2 U}{\partial x \partial y}\cos\theta\sin\theta$$

$$\frac{\partial U}{\partial \theta} = \frac{\partial U}{\partial x}(-r\sin\theta) + \frac{\partial U}{\partial y}(r\cos\theta)$$

$$\frac{\partial^2 U}{\partial \theta^2} = \frac{\partial^2 U}{\partial x^2}(r\sin\theta)^2 + \frac{\partial^2 U}{\partial y^2}(r\cos\theta)^2 - \frac{\partial U}{\partial x}r\cos\theta - \frac{\partial U}{\partial y}r\sin\theta$$

$$- 2\frac{\partial^2 U}{\partial x \partial y}r^2\cos\theta\sin\theta$$

したがって，

$$\Delta U(x, y) = \frac{\partial^2 U}{\partial x^2} + \frac{\partial^2 U}{\partial y^2} = \frac{\partial^2 U}{\partial r^2} + \frac{1}{r}\frac{\partial U}{\partial r} + \frac{1}{r^2}\frac{\partial^2 U}{\partial \theta^2}$$

ゆえに，(4) は，(6) を代入して，

$$r^2\frac{\partial^2 U}{\partial r^2} + r\frac{\partial U}{\partial r} + k^2 r^2 U + \frac{\partial^2 U}{\partial \theta^2} = 0 \tag{7}$$

となる．

そこで，もう一度変数分離の方法を用いる．

$$U(r, \theta) = V(r)W(\theta)$$

とおいて，(7) に代入すれば，

$$\frac{r^2 V'' + rV' + k^2 r^2 V}{V} = -\frac{W''}{W} \tag{8}$$

ここで，左辺は r のみの関数，右辺は θ のみの関数だから，この式はやはり定数であることとなる．その値を μ とすれば，(8) の右辺から

$$W''(\theta) = -\mu W(\theta) \tag{9}$$

ところで，(r, θ) は極座標だから，

$$U(r,\theta) = U(r,\theta+2\pi)$$

したがって,

$$W(\theta) = W(\theta+2\pi) \tag{10}$$

でなければならない．(9) の解が (10) の性質をもつのは，

$$\mu = n^2 \quad (n \text{ は整数}) \tag{11}$$

の形のときで，

$$W(\theta) = A_n \cos(n\theta - \theta_n) \quad (A_n, \theta_n \text{は定数})$$

という形のときである．

つぎに，(8) の左辺 $=\mu$ という式から，

$$r^2 V'' + rV' + (k^2 r^2 - n^2)V = 0 \tag{12}$$

が得られる．あるいは，$\rho = kr$ とおけば，

$$r\frac{dV}{dr} = \frac{\rho}{k}\frac{dV}{d\rho}\frac{d\rho}{dr} = \rho\frac{dV}{d\rho}$$

$$r^2 \frac{d^2 V}{dr^2} = \rho^2 \frac{d^2 V}{d\rho^2}$$

であるから，(12) は，

$$\rho^2 V'' + \rho V' + (\rho^2 - n^2)V = 0$$

となる．

これは 5.4 節で述べたベッセルの微分方程式である．n は整数であるから，この基本解は $J_n(\rho), N_n(\rho)$ である．

ところで，$U(r,\theta)$ は $0 \leqq r \leqq R$ で連続，したがって有界な関数でなければならない．したがって $V(r)$ も，$0 \leqq r \leqq R$ で有界な関数でなければならない．詳細は省略するが，$J_n(\rho)$ はたしかに有界であるが，$N_n(\rho)$ は $\rho = 0$

6.3 円形膜の振動

の近くでは有界でない．したがって，$V = 定数 \times J_n(\rho)$ でなければならないこととなる．

$$\therefore \quad V(r) = 定数 \times J_n(kr)$$

境界条件として，$r = R$ において膜は固定されているから，

$$V(R) = 0$$

したがって，

$$J_n(kR) = 0$$

でなければならない．

$J_n(\rho) = 0$ は，

$$0 < \rho_1^{(n)} < \rho_2^{(n)} < \cdots$$

であるような点 $\rho_m^{(n)}$ で成立する (図 5.2 参照)．したがって，

$$kR = \rho_m^{(n)} \quad すなわち，\quad k = \frac{\rho_m^{(n)}}{R}$$

さて，$T(t)$ は，

$$T'' = c^2 \lambda T$$
$$= -c^2 k^2 T$$

を満たす関数である．

以上によって，変数分離の結果，

$$T(t)V(r)W(\theta) = A_{nm} \cos \frac{c}{R} \rho_m^{(n)} (t - t_{nm}) J_n \left(\rho_m^{(n)} \frac{r}{R} \right) \cos(n\theta - \theta_{nm})$$

という解が得られた．

これを，n, m について加えたものが一般の解である．

6.4 熱方程式

● 針金の熱伝導の方程式 ●

いま，x 軸に置かれた針金を考え，この各点における温度 $u(t,x)$ が，時刻と共にどのような変化をするか調べよう．

いま，この針金の $[\alpha, \beta]$ という部分にある**熱量**を考える．針金の各部分において**比熱**は一定であるとし，その値を c とすれば，針金の微小部分における熱量は $cu(t,x)dx$ であるから，$[\alpha, \beta]$ の中にある熱量の全体は，

$$\int_\alpha^\beta cu(t,x)dx$$

となる．

そこで，時刻の変化に伴って，この値がどのように変わるかを考えてみよう．

$$\int_\alpha^\beta cu(t+\Delta t,x)dx - \int_\alpha^\beta cu(t,x)dx = \left(\int_\alpha^\beta cu_t(t,x)dx\right)\Delta t$$

は，時刻 t から $t+\Delta t$ までの間の $[\alpha, \beta]$ の部分の熱量の変化であるが，これはこの部分への熱量の流入，流出によっておこる．

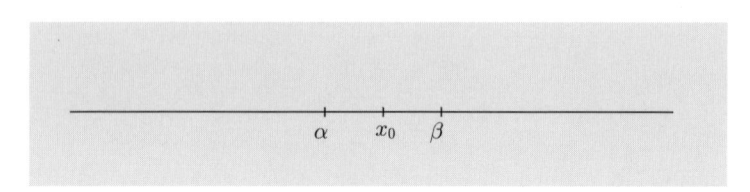

図 6.4

$x = \alpha$ の点における**温度勾配**は $u_x(t, \alpha)$ であり，熱の流入はこの値に**熱伝導率** k を乗じた値として与えられる．したがって，Δt 時間の間に，α を通じて流入した熱量は，

$$-ku_x(t,\alpha)\Delta t$$

である．ただし，ここに $-$ をつけたのは，熱は温度が高いほうから低いほう

6.4 熱方程式

へ流れること，したがって，左端では，温度勾配が負のとき熱の流入があり，正のとき流出があるからである．同じように考えて，右端 $x = \beta$ における $[\alpha, \beta]$ への熱の流入は

$$ku_x(t,\beta)\Delta t$$

したがって，

$$\left(\int_\alpha^\beta cu_t(t,x)dx\right)\Delta t = -ku_x(t,\alpha)\Delta t + ku_x(t,\beta)\Delta t$$
$$= k(u_x(t,\beta) - u_x(t,\alpha))\Delta t$$
$$\therefore \quad \frac{1}{\beta - \alpha}\int_\alpha^\beta cu_t(t,x)dx = k\frac{u_x(t,\beta) - u_x(t,\alpha)}{\beta - \alpha}$$

ここで，$\beta \to x_0$, $\alpha \to x_0$ とすれば，

$$cu_t(t,x_0) = ku_{xx}(t,x_0)$$

すなわち，次の**熱方程式**が得られた．$\left(a^2 = \dfrac{k}{c}\right)$

$$\frac{\partial u}{\partial t} = a^2 \frac{\partial^2 u}{\partial x^2} \tag{1}$$

● フーリエ級数による解の表示 ●

いま，針金は $[0,l]$ の位置にあるとし，その両端は，たとえば氷水の中に浸されて，温度 0 を保っているとする．すなわち，

$$u(t,0) = 0, \quad u(t,l) = 0 \tag{2}$$

この**境界条件**と，初期条件

$$u(0,x) = \varphi(x)$$

のもとに，(1) の解を表示する方法を考えよう．

変数分離の方法を用いることとし，

の形の関数で (1) を満たすものを求める．

(3) を (1) に代入すれば

$$\frac{1}{a^2}\frac{T'(t)}{T(t)} = \frac{X''(x)}{X(x)}$$

この式の左辺は t のみの関数であり，右辺は x のみの関数である．そして，t, x は独立な変数だから，この式がすべての t, x について成り立つためには，この式の値は定数でなければならない．この値を λ とおくと，

$$T'(t) = \lambda a^2 T(t) \tag{4}$$

$$X''(x) = \lambda X(x) \tag{5}$$

が得られる．

境界条件 (2) を考えると，$X(x)$ は

$$X(0) = 0, \quad X(l) = 0$$

を満たさねばならない．これから，6.2 節でしたように，$\lambda, X(x)$ は

$$\lambda = -\frac{n^2\pi^2}{l^2}, \quad X(x) = 定数 \times \sin\frac{n\pi x}{l} \qquad (n は自然数)$$

の形でなければならないことが結論される．

この λ の値を (4) に代入し，解を求めれば，

$$T(t) = A_n \exp\left(-\frac{a^2}{l^2}n^2\pi^2 t\right)$$

である．

ゆえに，(1) を満たす $u(t,x)$ は，

$$u(t,x) = \sum_{n=1}^{\infty} A_n \exp\left(-\frac{a^2}{l^2}n^2\pi^2 t\right)\sin\frac{n\pi x}{l} \tag{6}$$

6.4 熱方程式

この解が初期条件を満たすようにするために，係数 A_n は,

$$\varphi(x) = \sum_{n=1}^{\infty} A_n \sin \frac{n\pi x}{l} \tag{7}$$

であるように定める．そのためには，これも 6.2 節でしたように,

$$A_n = \frac{2}{l} \int_0^l \varphi(x) \sin \frac{n\pi x}{l} dx$$

とする．

● フーリエ級数 ●

区間 $[0, l]$ で定義された関数 $f(x)$ に対して,

$$\sum_{n=1}^{\infty} b_n \sin \frac{n\pi x}{l}$$

という形の級数を，**フーリエ正弦級数**という．ただし，係数は,

$$b_n = \frac{2}{l} \int_0^l f(x) \sin \frac{n\pi x}{l} dx \qquad (n = 1, 2, \cdots)$$

によって定める．

また級数

$$\frac{1}{2} a_0 + \sum_{n=1}^{\infty} a_n \cos \frac{n\pi x}{l}$$

を，**フーリエ余弦級数**という．ただし，係数は

$$a_n = \frac{2}{l} \int_0^l f(x) \cos \frac{n\pi x}{l} dx \qquad (n = 0, 1, 2, \cdots)$$

によって定める．

これらの級数が，どのような $f(x)$ に対して収束して $f(x)$ を表示するか，ということが問題となる．これについては，$f(x)$ が次の性質をもった関数であればよいことが知られている．[†]

[†] 竹之内 脩著「フーリエ展開」(秀潤社) 第 3 章参照.

- $f(x)$ は連続 $(f(0) = f(\pi)$, 正弦級数のときは, $= 0)$
- 有限個の点を除いて微分可能, 導関数はそれらの点を除いて連続
- $f(x)$ が $x = a$ で微分可能でないときも, $\lim_{x \to a-0} f'(x)$, $\lim_{x \to a+0} f'(x)$ は存在する. ($\lim_{x \to +0} f'(x)$, $\lim_{x \to \pi-0} f'(x)$ も存在する)

例1 余弦級数を用いる例として, 針金を大気中に放置した場合を考える. このときは, 熱の流入, 流出はないので, 境界条件は,

$$\frac{\partial u}{\partial x}(t, 0) = 0, \quad \frac{\partial u}{\partial x}(t, l) = 0$$

となる.

上述と同様に, 変数分離して考えると, $X(x)$ は,

$$X'(0) = 0, \quad X'(l) = 0$$

を満たさなければならないから, $\lambda, X(x)$ は,

$$\lambda = -\frac{n\pi^2}{l^2}, \quad X(x) = \text{定数} \times \cos\frac{n\pi x}{l} \quad (n = 0, 1, 2, \cdots)$$

となる.

したがって, (6) に対応する解の形は,

$$u(t, x) = \frac{1}{2}B_0 + \sum_{n=1}^{\infty} B_n \exp\left(-\frac{a^2}{l^2}n^2\pi^2 t\right)\cos\frac{n\pi x}{l}$$

で, 係数は, 初期条件により, $\varphi(x)$ をフーリエ余弦級数に展開し,

$$\varphi(x) = \frac{1}{2}B_0 + \sum_{n=1}^{\infty} B_n \cos\frac{n\pi x}{l}$$

から, 定める. すなわち,

$$B_n = \frac{2}{l}\int_0^l \varphi(x)\cos\frac{n\pi x}{l}dx \quad (n = 0, 1, 2, \cdots)$$

によって定める．

問 1 針金の一端 $x=0$ は温度 0 に保ち，他端 $x=l$ は断熱条件 $u_x=0$ とする．
この条件のもとに，
　　初期条件　　$u(0,x)=\varphi(x)$
に従う熱方程式 (1) の解を求めよ．(変数分離の方法を適用する．)

問 2 針金の一端 $x=0$ は温度 0 に保ち，他端 $x=l$ は温度 T $(T\neq 0)$ に保つとする．
この条件のもとに，
　　初期条件　　$u(0,x)=\varphi(x)$
に従う熱方程式 (1) の解を求める．
そのためには，
$$u(t,x)=u_1(t,x)+\frac{T}{l}x$$
という形であると考えれば，上記の方法を適用することができる．
この形において，解を求めよ．

6.5 ラプラスの微分方程式 (2 次元の場合)

$$\Delta u=\frac{\partial^2 u}{\partial x^2}+\frac{\partial^2 u}{\partial y^2}=0 \tag{1}$$

をラプラスの方程式という．

これは，領域を電気の伝導体でつくった板とし，領域の周に一つの電荷の分布を与えたときの，この板における安定な電荷の分布を与える式である．あるいは，電気の代わりに熱として，安定な温度分布を与える式と考えてもよい．

いま，考えている領域 G において，

$$E(u)=\iint_G\left\{\left(\frac{\partial u}{\partial x}\right)^2+\left(\frac{\partial u}{\partial y}\right)^2\right\}dxdy \tag{2}$$

という積分を考える．これは**エネルギー積分**とよばれ，$u(x,y)$ によって記述

される系の状態のエネルギーを与えるものである．安定な状態とは，エネルギー最小の状態である．u_0 がそのエネルギー最小を与える関数とすれば，任意の関数 $\eta(x,y)$ をとり $t\eta$ を u_0 に加えれば，$E(u_0+t\eta)$ は $t=0$ のとき最小とならなければならない．ただし，境界での値を変えないため，$\eta(x,y)$ は G の境界 ∂G においては 0 であるとする．

いま，(2) のような積分

$$\iint_G F(x,y,u,u_x,u_y)dxdy$$

が与えられたとする．これに $u=u_0+t\eta$ を代入して，これが，$t=0$ で最小となるとすれば，

$$\left[\frac{d}{dt}\iint_G F(x,y,u_0+t\eta,u_{0_x}+t\eta_x,u_{0_y}+t\eta_y)dxdy\right]_{t=0}=0$$

左辺は，

$$=\iint_G F_u(x,y,u_0,u_{0_x},u_{0_y})\eta\,dxdy+\iint_G F_{u_x}(x,y,u_0,u_{0_x},u_{0_y})\eta_x\,dxdy$$

$$+\iint_G F_{u_y}(x,y,u_0,u_{0_x},u_{0_y})\eta_y\,dxdy \tag{3}$$

ここで，F_{u_x} は $F(x,y,u,u_x,u_y)$ を 5 個の独立な変数 x,y,u,u_x,u_y の関数とみて，これを u_x について偏微分したものを表す．F_{u_y} についても同様である．

この第 2 項にグリーンの公式を適用して計算する．η が ∂G 上で 0 になることに注意すると，つぎのようになる．

$$\iint_G F_{u_x}(x,y,u_0,u_{0_x},u_{0_y})\eta_x\,dxdy$$

$$=\int_{\partial G} F_{u_x}(x,y,u_0,u_{0_x},u_{0_y})\eta\,dy-\iint_G \frac{\partial}{\partial x}F_{u_x}(x,y,u_0,u_{0_x},u_{0_y})\eta\,dxdy$$

$$= -\iint_G \frac{\partial}{\partial x} F_{u_x}(x, y, u_0, u_{0_x}, u_{0_y})\eta \, dxdy$$

第 3 項についても同様に計算すれば，(3) は,

$$\iint_G \left\{ F_u(x, y, u_0, u_{0_x}, u_{0_y}) - \frac{\partial}{\partial x} F_{u_x}(x, y, u_0, u_{0_x}, u_{0_y}) \right. \\ \left. - \frac{\partial}{\partial y} F_{u_y}(x, y, u_0, u_{0_x}, u_{0_y}) \right\} \eta \, dxdy = 0$$

となる．

ここで，η は任意の関数であるから，これが成立するためには，{ } 内が，$= 0$ でなければならない．

すなわち，$u = u_0$ のとき，

$$F_u - \frac{\partial}{\partial x} F_{u_x} - \frac{\partial}{\partial y} F_{u_y} = 0$$

これを，この最小問題 (**変分問題**という) に関する**オイラーの微分方程式**という．

(2) にもどれば，

$$F = (u_x)^2 + (u_y)^2$$

であるから，

$$F_{u_x} = 2u_x, \quad F_{u_y} = 2u_y$$

$$\frac{\partial}{\partial x} F_{u_x} = 2u_{xx}, \quad \frac{\partial}{\partial y} F_{u_y} = 2u_{yy}$$

となり，オイラーの微分方程式は，ちょうど (1) となっている．

微分方程式 (1) を満たす関数を**調和関数**という．

例1 (1) を満たす関数の例

複素数 $z = x + iy$ の多項式の実数部分，虚数部分は調和関数である．それは，

$$\frac{\partial}{\partial x}(x+iy)^n = n(x+iy)^{n-1}, \quad \frac{\partial^2}{\partial x^2}(x+iy)^n = n(n-1)(x+iy)^{n-2}$$
$$\frac{\partial}{\partial y}(x+iy)^n = in(x+iy)^{n-1}, \quad \frac{\partial^2}{\partial y^2}(x+iy)^n = -n(n-1)(x+iy)^{n-2}$$

から知られる．同様に，e^z の実数部分，虚数部分も調和関数である．

ゆえに，
$$\text{Re } z^2 = x^2 - y^2, \quad \text{Im } z^2 = 2xy$$
$$\text{Re } e^z = e^x \cos y, \quad \text{Im } e^z = e^x \sin y$$

などは調和関数である．

また，6.3 節 (7) で見たように，(1) は，極座標では，
$$\frac{\partial^2 u}{\partial r^2} + \frac{1}{r}\frac{\partial u}{\partial r} + \frac{1}{r^2}\frac{\partial^2 u}{\partial \theta^2} = 0 \tag{4}$$

と表される．これから，
$$\log r$$

は調和関数である (原点を除いた平面内で)．

● ディリクレ問題 ●

平面内の領域 D の境界 ∂D 上に境界関数 $\varphi(P)$ を与えて，
$$u(P) \begin{cases} D \text{ の内部で調和} \\ = \varphi(P) \quad (P \in \partial D \text{ のとき}) \end{cases}$$

である関数 $u(P)$ を見いだす問題を，**ディリクレ問題**という．これは，はじめに述べたように，物理量の安定な分布を示す関数を求める，という意味で重要であり，ラプラス方程式の議論の中心をなすものである．ここでは，領域が特別な形の場合に，これを解決しておこう．

● ポアソンの公式 ●

領域 D は，原点を中心とした半径 R の円の内部

6.5 ラプラスの微分方程式 (2次元の場合)

$$D = \{(x,y) : x^2 + y^2 < R^2\} \tag{5}$$

であるとし，この上におけるディリクレ問題の解を求めよう．

xy 座標よりも，極座標で扱うのが便利であるので，以下は極座標で記述する．領域 (3) の境界上の点は，極座標 (R, φ) で与えられるから，境界関数は，$f(\varphi)$ と書いておく．

いま，極座標系でのラプラスの方程式 (4) において，変数分離の方法を用いることとし，

$$u(r, \theta) = v(r) w(\theta)$$

を代入する．そうすれば，

$$\frac{r^2 v''(r) + r v'(r)}{v(r)} = -\frac{w''(\theta)}{w(\theta)}$$

が得られ，左辺は r のみの関数，右辺は θ のみの関数であり，r, θ は独立の変数だから，この式の値は定数でなければならない．さらに，われわれは極座標を用いているのだから，$w(\theta)$ は 2π を周期にもつ関数でなければならない．したがって，$w(\theta)$ は，ある自然数 n に対して，$\cos n\theta, \sin n\theta$ の線形結合であり，この式の値は n^2 であることになる．

したがって，左辺から，微分方程式

$$r^2 v'' + r v' - n^2 v = 0$$

が得られる．これは 3.6 節で述べたオイラーの微分方程式であり，その基本解は，

$$r^n, \quad \frac{1}{r^n}$$

である．ところで，v は円 (3) の内部で連続であるから，$\dfrac{1}{r^n}$ は捨てられる．

以上から，(4) の解として，

$$u(r, \theta) = \sum_{n=0}^{\infty} r^n (A_n \cos n\theta + B_n \sin n\theta) \tag{6}$$

という形のものが得られることになる．ここで，A_n, B_n は，境界条件 $u(R, \varphi) = f(\varphi)$ から定められる．すなわち，

$$f(\varphi) = \sum_{n=0}^{\infty} R^n (A_n \cos n\varphi + B_n \sin n\varphi)$$

$\therefore \quad A_0 = \dfrac{1}{2\pi} \displaystyle\int_0^{2\pi} f(\varphi) d\varphi, \quad B_0 = 0$

$\quad A_n = \dfrac{1}{\pi R^n} \displaystyle\int_0^{2\pi} f(\varphi) \cos n\varphi d\varphi, \quad B_n = \dfrac{1}{\pi R^n} \displaystyle\int_0^{2\pi} f(\varphi) \sin n\varphi d\varphi$
$\hfill (n = 1, 2, \cdots)$

したがって，

$$\begin{aligned} u(r, \theta) &= \frac{1}{2\pi} \int_0^{2\pi} f(\varphi) d\varphi \\ &\quad + \sum_{n=1}^{\infty} \frac{r^n}{\pi R^n} \int_0^{2\pi} f(\varphi)(\cos n\varphi \cos n\theta + \sin n\varphi \sin n\theta) d\varphi \\ &= \frac{1}{2\pi} \int_0^{2\pi} f(\varphi) \left(1 + \sum_{n=1}^{\infty} \frac{r^n}{R^n} \cdot 2 \cdot \cos n(\theta - \varphi) \right) d\varphi \end{aligned}$$

ここで，

$$\begin{aligned} 1 + \sum_{n=1}^{\infty} \frac{r^n}{R^n} 2\cos n(\theta - \varphi) &= 1 + \sum_{n=1}^{\infty} \frac{r^n}{R^n} 2\mathrm{Re}(e^{in(\theta-\varphi)}) \\ &= 1 + \sum_{n=1}^{\infty} \frac{r^n}{R^n} \left(e^{in(\theta-\varphi)} + e^{-in(\theta-\varphi)} \right) \\ &= \frac{1}{1 - \dfrac{r}{R} e^{i(\theta-\varphi)}} + \frac{1}{1 - \dfrac{r}{R} e^{-i(\theta-\varphi)}} - 1 \\ &= \frac{R \left(R - re^{i(\theta-\varphi)} + R - re^{-i(\theta-\varphi)} \right)}{\left(R - re^{i(\theta-\varphi)} \right)\left(R - re^{-i(\theta-\varphi)} \right)} - 1 \\ &= \frac{\{2R^2 - 2Rr\cos(\theta - \varphi)\} - \{R^2 - 2Rr\cos(\theta - \varphi) + r^2\}}{R^2 - 2Rr\cos(\theta - \varphi) + r^2} \\ &= \frac{R^2 - r^2}{R^2 - 2Rr\cos(\theta - \varphi) + r^2} \end{aligned} \qquad (7)$$

ゆえに，
$$u(r,\theta) = \frac{1}{2\pi}\int_0^{2\pi} f(\varphi)\frac{R^2 - r^2}{R^2 - 2Rr\cos(\theta - \varphi) + r^2}d\varphi \qquad (8)$$
が得られた．

(7) の右辺の関数を**ポアソンの核**という．そして，(8) を，**ポアソンの積分表示**という．

問 1 領域 $D = \{(r,\theta); 0 \leqq r < R,\ 0 < \theta < \pi\}$ において，境界関数を，
$$u(r,0) = 0, \quad u(r,\pi) = 0 \quad (0 \leqq r \leqq R)$$
$$u(R,\varphi) = f(\varphi) \quad (0 \leqq \varphi \leqq \pi)$$
と与えたときの，ディリクレ問題の解を求めよ．

問 2 領域 $D = \{(x,y); 0 < x < a,\ 0 < y < b\}$ において，境界関数を，
$$u(0,y) = 0, \quad u(a,y) = 0 \quad (0 \leqq y \leqq b)$$
$$u(x,0) = f(x), \quad u(x,b) = 0 \quad (0 \leqq x \leqq a)$$
と与えたときの，ディリクレ問題の解を求めよ．

6.6 ラプラスの微分方程式 (3 次元の場合)

3 次元空間内でのラプラスの微分方程式
$$\Delta u = \frac{\partial^2 u}{\partial x^2} + \frac{\partial^2 u}{\partial y^2} + \frac{\partial^2 u}{\partial z^2} = 0 \qquad (1)$$
を考えよう．

この微分方程式を満たす関数を，**調和関数**という．

● ニュートン・ポテンシャル ●

いま，$r = \sqrt{x^2 + y^2 + z^2}$ とし，$u = \dfrac{1}{r}$ とすると，u は原点を除いて定義された調和関数である．実際，
$$\frac{\partial}{\partial x}\left(\frac{1}{r}\right) = -\frac{1}{r^2}\frac{x}{r} = -\frac{x}{r^3}$$
$$\frac{\partial^2}{\partial x^2}\left(\frac{1}{r}\right) = -\frac{1}{r^3} + 3\frac{1}{r^4}\frac{x}{r}\cdot x = -\frac{1}{r^3} + 3\frac{x^2}{r^5}$$

で，同様に，$\dfrac{\partial^2}{\partial y^2}\left(\dfrac{1}{r}\right), \dfrac{\partial^2}{\partial z^2}\left(\dfrac{1}{r}\right)$ も計算されて，

$$\Delta\left(\frac{1}{r}\right) = -\frac{3}{r^3} + 3\frac{x^2+y^2+z^2}{r^5} = 0$$

となる．

 このことから，いま，2点 P, Q に対して，P, Q の距離を r_{PQ} と書くことにすると，空間のある部分 V で定義された関数 $f(\mathrm{Q})$ があるとき，

$$u(\mathrm{P}) = \int_V \frac{1}{r_{\mathrm{PQ}}} f(\mathrm{Q}) d\mathrm{Q} \tag{2}$$

は，V 以外の点では，(1) を満たすことになる．すなわち，P, Q の座標を，P(x,y,z), Q(ξ,η,ζ) とすれば，

$$u(x,y,z) = \iiint_V \frac{1}{\sqrt{(x-\xi)^2+(y-\eta)^2+(z-\zeta)^2}} f(\xi,\eta,\zeta) d\xi d\eta d\zeta$$

において，P $\notin V$ ならば，積分記号内の関数の分母が 0 になることはなく，そして Δu を考えるとき，微分は x,y,z についてとられ，そして，積分記号内で，

$$\Delta \frac{1}{\sqrt{(x-\xi)^2+(y-\eta)^2+(z-\zeta)^2}} = 0$$

となるからである．

 積分 (2) によって定義された関数 $u(\mathrm{P})$ を，密度 $f(\mathrm{Q})$ を有する**ニュートン・ポテンシャル**という．

 特に，V が曲面のときは，この曲面上に分布する電荷によって生ずる静電場を与えていることとなるが，このとき，これはまた，この曲面を台とする**一重層ポテンシャル**と呼ばれる．

 また，このとき，

$$\int_V \frac{\partial}{\partial n_{\mathrm{Q}}}\left(\frac{1}{r_{\mathrm{PQ}}}\right) f(\mathrm{Q}) d\mathrm{Q} \tag{3}$$

6.6 ラプラスの微分方程式 (3次元の場合)

$\left(\dfrac{\partial}{\partial n_Q}\text{は曲面 }V\text{ 上の点 Q における外向き法線方向の微分}\right)$

も調和関数を与える．これを，この曲面を台とする**二重層ポテンシャル**という．

注　平面上でのニュートン・ポテンシャルは，
$$u(\mathrm{P}) = \int_V \log r_{\mathrm{PQ}} f(\mathrm{Q}) d\mathrm{Q}$$
で定義される．

● **空間における極座標とラプラシアン** ●

空間での極座標は，図 6.5 のように，原点 O から点 P に至る動径に対して，
 $r = $ 動径の長さ
 $\theta = $ 動径が z 軸の正の方向となす角
 $\varphi = $ 動径の xy 平面への正射影が x 軸の正の方向となす角
として，(r, θ, φ) によって与えられる．

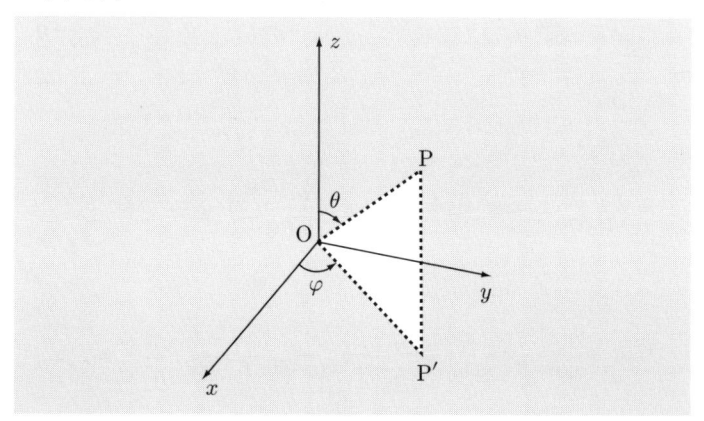

図 6.5

これと，xyz 座標との関係は，
$$x = r\sin\theta\cos\varphi, \quad y = r\sin\theta\sin\varphi, \quad z = r\cos\theta$$
である．ここで，通常

$$0 \leqq \theta \leqq \pi, \quad 0 \leqq \varphi < 2\pi$$

という範囲で考える．(適当に周期的に延長すると都合のよいことがあることは，平面の場合と同様である．)

この極座標に関するラプラシアン Δ の表現を求めてみよう．

$$\frac{\partial u}{\partial r} = \frac{\partial u}{\partial x} \sin\theta \cos\varphi + \frac{\partial u}{\partial y} \sin\theta \sin\varphi + \frac{\partial u}{\partial z} \cos\theta$$

$$\frac{\partial^2 u}{\partial r^2} = \frac{\partial^2 u}{\partial x^2} \sin^2\theta \cos^2\varphi + \frac{\partial^2 u}{\partial y^2} \sin^2\theta \sin^2\varphi + \frac{\partial^2 u}{\partial z^2} \cos^2\theta$$

$$+ 2\frac{\partial^2 u}{\partial x \partial y} \sin^2\theta \cos\varphi \sin\varphi + 2\frac{\partial^2 u}{\partial y \partial z} \sin\theta \cos\theta \sin\varphi$$

$$+ 2\frac{\partial^2 u}{\partial x \partial z} \sin\theta \cos\theta \cos\varphi$$

$$\frac{\partial u}{\partial \theta} = \frac{\partial u}{\partial x} r \cos\theta \cos\varphi + \frac{\partial u}{\partial y} r \cos\theta \sin\varphi - \frac{\partial u}{\partial z} r \sin\theta$$

$$\frac{\partial^2 u}{\partial \theta^2} = \frac{\partial^2 u}{\partial x^2} r^2 \cos^2\theta \cos^2\varphi + \frac{\partial^2 u}{\partial y^2} r^2 \cos^2\theta \sin^2\varphi + \frac{\partial^2 u}{\partial z^2} r^2 \sin^2\theta$$

$$- \frac{\partial u}{\partial x} r \sin\theta \cos\varphi - \frac{\partial u}{\partial y} r \sin\theta \sin\varphi - \frac{\partial u}{\partial z} r \cos\theta$$

$$+ 2\frac{\partial^2 u}{\partial x \partial y} r^2 \cos^2\theta \cos\varphi \sin\varphi - 2\frac{\partial^2 u}{\partial y \partial z} r^2 \sin\theta \cos\theta \sin\varphi$$

$$- 2\frac{\partial^2 u}{\partial x \partial z} r^2 \sin\theta \cos\theta \cos\varphi$$

$$= \frac{\partial^2 u}{\partial x^2} r^2 \cos^2\theta \cos^2\varphi + \frac{\partial^2 u}{\partial y^2} r^2 \cos^2\theta \sin^2\varphi + \frac{\partial^2 u}{\partial z^2} r^2 \sin^2\theta - r\frac{\partial u}{\partial r}$$

$$+ 2\frac{\partial^2 u}{\partial x \partial y} r^2 \cos^2\theta \cos\varphi \sin\varphi - 2\frac{\partial^2 u}{\partial y \partial z} r^2 \sin\theta \cos\theta \sin\varphi$$

$$- 2\frac{\partial^2 u}{\partial x \partial z} r^2 \sin\theta \cos\theta \cos\varphi$$

$$\frac{\partial u}{\partial \varphi} = -\frac{\partial u}{\partial x} r \sin\theta \sin\varphi + \frac{\partial u}{\partial y} r \sin\theta \cos\varphi$$

6.6 ラプラスの微分方程式 (3次元の場合)

$$\frac{\partial^2 u}{\partial \varphi^2} = \frac{\partial^2 u}{\partial x^2} r^2 \sin^2\theta \sin^2\varphi + \frac{\partial^2 u}{\partial y^2} r^2 \sin^2\theta \cos^2\varphi$$
$$- 2\frac{\partial^2 u}{\partial x \partial y} r^2 \sin^2\theta \cos\varphi \sin\varphi - \frac{\partial u}{\partial x} r \sin\theta \cos\varphi - \frac{\partial u}{\partial y} r \sin\theta \sin\varphi$$

したがって,

$$\frac{\partial^2 u}{\partial r^2} + \frac{1}{r^2}\frac{\partial^2 u}{\partial \theta^2} + \frac{1}{r^2 \sin^2\theta}\frac{\partial^2 u}{\partial \varphi^2}$$
$$= \frac{\partial^2 u}{\partial x^2} + \frac{\partial^2 u}{\partial y^2} + \frac{\partial^2 u}{\partial z^2} - \frac{1}{r}\frac{\partial u}{\partial r} - \frac{1}{r\sin\theta}\left(\frac{\partial u}{\partial x}\cos\varphi + \frac{\partial u}{\partial y}\sin\varphi\right)$$

そして,

$$r\frac{\partial u}{\partial r}\sin\theta + \cos\theta\frac{\partial u}{\partial \theta} = r\left(\frac{\partial u}{\partial x}\cos\varphi + \frac{\partial u}{\partial y}\sin\varphi\right)$$

であるから, これを代入すれば, 次のようになる.

$$\frac{\partial^2 u}{\partial x^2} + \frac{\partial^2 u}{\partial y^2} + \frac{\partial^2 u}{\partial z^2} = \frac{\partial^2 u}{\partial r^2} + \frac{2}{r}\frac{\partial u}{\partial r} + \frac{1}{r^2}\left(\frac{\partial^2 u}{\partial \theta^2} + \cot\theta\frac{\partial u}{\partial \theta} + \frac{1}{\sin^2\theta}\frac{\partial^2 u}{\partial \varphi^2}\right)$$

● 球面調和関数 ●

極座標系におけるラプラスの微分方程式に対して, 変数分離の方法をほどこしてみよう.

$$u(r, \theta, \varphi) = U(r)V(\theta)W(\varphi) \tag{4}$$

として代入し, 変形すれば,

$$\frac{r^2 U'' + 2r U'}{U} = -\frac{V''}{V} - \cot\theta \frac{V'}{V} - \frac{1}{\sin^2\theta}\frac{W''}{W} \tag{5}$$

となる. この式の値は定数である. その値を λ とすれば,

$$\frac{V''}{V} + \cot\theta \frac{V'}{V} + \frac{1}{\sin^2\theta}\frac{W''}{W} = -\lambda$$

$$\therefore \quad \sin^2\theta \left(\frac{V''}{V} + \cot\theta \frac{V'}{V} + \lambda\right) = -\frac{W''}{W}$$

ここで, 左辺は θ のみの関数, 右辺は φ のみの関数であるから, この両辺が

また定数であることになる．そして，W は 2π を周期とする関数だから，この値は，m^2 $(m = 0, 1, 2, \cdots)$ でなければならない．

これから $V(\theta)$ について，次の微分方程式が得られる．

$$V''(\theta) + \cot\theta\, V'(\theta) + \lambda V - m^2 \mathrm{cosec}^2\theta\, V = 0 \tag{6}$$

ここで，$t = \cos\theta$ とおくと，

$$\frac{dV(\theta)}{d\theta} = \frac{dV(t)}{dt}(-\sin\theta)$$

$$\frac{d^2V(\theta)}{d\theta^2} = \frac{d^2V(t)}{dt^2}\sin^2\theta - \frac{dV(t)}{dt}\cos\theta$$

したがって，(6) の左辺は，

$$V''(t)\sin^2\theta - 2V'(t)\cos\theta + \lambda V - m^2\mathrm{cosec}^2\theta \cdot V = 0$$

すなわち，

$$(1-t^2)V'' - 2tV' + \lambda V - \frac{m^2}{1-t^2}V = 0 \tag{7}$$

という微分方程式が得られた．

さて，ラプラスの方程式の解で，$u(\rho x, \rho y, \rho z) = \rho^n u(x, y, z)$ を満たすものを，**n 次の球面調和関数**という．これは (4) の形において，

$$U(r) = r^n$$

となったものである．このとき，(5) の左辺は，

$$n(n-1) + 2n = n(n+1)$$

となる．(7) の λ にこの値を代入し，かつ $m = 0$ の場合を考えれば，

$$(1-t^2)V'' - 2tV' + n(n+1)V = 0 \tag{8}$$

となり，これは，5.3 節で扱ったルジャンドルの微分方程式である．$V(\theta)$ は，$0 \leqq \theta \leqq \pi$ で有界な関数でなければならないが，(8) の解で，この間 (t の範

6.6 ラプラスの微分方程式 (3次元の場合)

囲としては $-1 \leqq t \leqq 1$ となる) で有界なものは，ルジャンドル多項式 $P_n(t)$ の定数倍に限られる．

m が自然数の値をとるとき，(7) の式は，λ に上記の値を代入して，

$$(1-t^2)V'' - 2tV' + n(n+1)V - \frac{m^2}{1-t^2}V = 0 \tag{9}$$

となる．これを**ルジャンドルの陪微分方程式**という．

(8) の任意の解 $V(t)$ に対して，

$$V_1(t) = (t^2-1)^{\frac{m}{2}} \frac{d^m}{dt^m} V(t) \tag{10}$$

は (9) の解となる．これらの関数を，**ルジャンドルの陪関数**という．

さて，球面調和関数としては，やはり有界なものが要求される．したがって，

$$P_n^m(t) = (1-t^2)^{\frac{m}{2}} \frac{d^m}{dt^m} P_n(t)$$

が，(9) の解として求められる．$P_n(t)$ は n 次の多項式であるから，$0 \leqq m \leqq n$ である．

これによって，(14) の形の n 次の球面調和関数としては，

$$r^n P_n(\cos\theta), \quad r^n P_n^m(\cos\theta)\cos m\varphi, \quad r^n P_n^m(\cos\theta)\sin m\varphi$$
$$(m=1,2,\cdots,n)$$

が得られ，一般の球面調和関数は，それらのものの線形結合となることがわかる．

問 1 (8) の式を m 回微分して適当に変形することにより，(10) が (9) の解となることをたしかめよ．

問 2 空間における座標系として，z はそのままに，x,y を平面上の極座標に変えて，(r,θ,z) としたとき，この座標系を**円柱座標系**という．

円柱座標系に関するラプラスの微分方程式を書け．

また，これに対して変数分離の方法をほどこして得られる解の形を書け．(この場合には，ベッセルの微分方程式が登場する．このゆえに，ベッセルの微分方程式の解は，**円柱関数**とも呼ばれる．)

付第 1 章

数 値 解 法

付 1.1 数値解法

　今までは，与えられた微分方程式に対して，これを満足させる関数を表示する手段を考えてきた．しかし，これらの手段が適用できる微分方程式は限られた形のもので，われわれが解を求めることを欲している微分方程式が，この方法の適用範囲にはいるかどうかは疑問である．一方，近年はコンピュータが発達し，相当複雑な計算を精度よくこなすようになっている．そこで，厳密に与えられた微分方程式の解にはなっていないが，その解をよい精度で近似する数値を，コンピュータを通じてつくっていこう．これが**数値解法**である．

　別の意味を求めるならば，微分方程式を利用する場合，解をさらに数学的に追求しようという場合は別であるが，理論的考察にもとづいて微分方程式をつくり，それが現象をよく説明しているかどうかを検証しようとすることも多い．この場合，解を，観測されたデータと比較することになるが，この解の数値を求めるために，コンピュータのなかった時代には，表をひくなどすることにより計算可能になるという，そのような状態にまで，解を表しておく必要があった．しかし，直接微分方程式から観測データとの比較に十分役に立つような数値を求めることができるならば，それで実用上の目的は達せられるといえる．

　数値解法の研究は，解の直接的表示が得られない微分方程式に対して，な

んとか解の姿を求めようとして，古い時代からはじめられたものであるけれども，その完全な活用は，まさしくこれからの時代のものであるといえる．

付1.2 オイラー法

微分方程式
$$y' = f(x, y)$$
の，初期条件
$$x = x_0 \text{ のとき}, \quad y = y_0$$
を満たす解を求めることを考えよう．

いま，ある正の数 h を固定し，
$$x_k = x_0 + kh \qquad (k = 1, 2, \cdots)$$
における値 y_k を定めていくことを問題とする．

以下，
$$f_k = f(x_k, y_k)$$
と書くこととする．h は，きざみ幅，歩み幅，ステップなどと，いろいろなよび方があるが，本書では**歩み幅**（時として単に歩み）とよぶことにする．

まず，最も簡単なオイラー法からはじめよう．これは，(x_0, y_0) から出発して，$(x_1, y_1), (x_2, y_2), \cdots, (x_n, y_n)$ が得られたとして，x_{n+1} に対応する値 y_{n+1} は，(x_n, y_n) における y' の値が f_n であるから，
$$y_{n+1} = y_n + h f_n$$
として定めるという方法である．

付1 数値解法

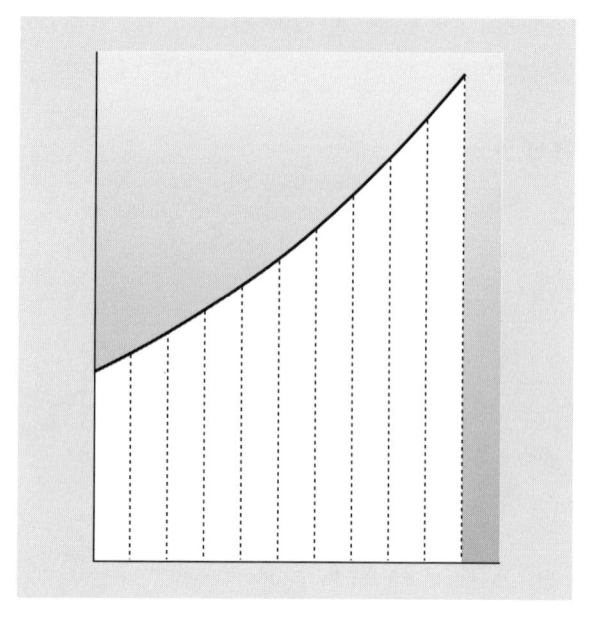

図1

例1 以下では，いろいろな方法の比較検討のために，微分方程式と初期条件を，

DE1 $\quad y' = y, \quad y(0) = 1 \quad$ 解 $\quad y = e^x$
DE2 $\quad y' = -y, \quad y(0) = 1 \quad$ 解 $\quad y = e^{-x}$
DE3 $\quad y' = y^2, \quad y(0) = 1 \quad$ 解 $\quad y = \dfrac{1}{1-x}$

と定め，これに関する解の状態を調べる．[†]

歩み幅 h は，$= 0.02$ であるが表では，これを五つ毎にとって，0.1 ずつの幅で示してある．最後の欄は，解の真値に対する相対誤差を示した．

[†] 以下の数値例の計算は，Mathematica で行った．計算用のプログラムは，付録 Mathematica 用プログラムに収載．

付 1.2 オイラー法

DE1
$y' = y$; IC = 0, 1; h = .02

x	y：計算値	y：真値	相対誤差
0.0	1		
0.1	1.10408	1.10517	−0.001
0.2	1.21899	1.2214	−0.002
0.3	1.34587	1.34986	−0.003
0.4	1.48595	1.49182	−0.004
0.5	1.64061	1.64872	−0.005
0.6	1.81136	1.82212	−0.006
0.7	1.99989	2.01375	−0.007
0.8	2.20804	2.22554	−0.008
0.9	2.43785	2.4596	−0.009
1.0	2.69159	2.71828	−0.010

DE2
$y' = -y$; IC = 0, 1; h = .02

x	y：計算値	y：真値	相対誤差
0.0	1		
0.1	.903921	.904837	−0.001
0.2	.817073	.818731	−0.002
0.3	.738569	.740818	−0.003
0.4	.667608	.67032	−0.004
0.5	.603465	.606531	−0.005
0.6	.545484	.548812	−0.006
0.7	.493075	.496585	−0.007
0.8	.4457	.449329	−0.008
0.9	.402878	.40657	−0.009
1.0	.36417	.36788	−0.010

DE3
$y' = y * y$; IC = 0, 1; h = .02

x	y：計算値	y：真値	相対誤差
0.0	1		
0.1	1.1086	1.11111	−0.002
0.2	1.2433	1.25	−0.005
0.3	1.41471	1.42857	−0.010
0.4	1.63996	1.66667	−0.016
0.5	1.94871	2	−0.026
0.6	2.39684	2.5	−0.041
0.7	3.10318	3.33333	−0.069
0.8	4.36943	5	−0.128
0.9	7.22426	9.99997	−0.278

付1.3 テイラー展開からの検討

いま，微分方程式

$$y' = f(x, y) \tag{1}$$

の解 $y = y(x)$ を，$x = x_k$ のまわりでテイラー展開すると，

$$y(x_k + h) = y(x_k) + hy'(x_k) + \frac{h^2}{2}y''(x_k) + \frac{h^3}{3!}y'''(x_k) + \cdots \tag{2}$$

となる．われわれが普通扱う微分方程式は，たいてい性質のいいもので，解に，必要なだけの微分可能性やテイラー展開可能性を仮定してよい場合が多いので，以下そういうこととして扱う．

(2) の展開を第 2 項で打ち切り，微分方程式 (1) の関係を代入すれば，

$$y(x_k + h) \fallingdotseq y(x_k) + hf(x_k, y(x_k)) \tag{3}$$

そうすると，このときの**打ち切り誤差**は，

$$\frac{h^2}{2}y''(x_k) + \frac{h^3}{2!}y'''(x_k) + \cdots \tag{4}$$

となる．$y_1, y_2, \cdots$ をきめる際に，(3) の関係を用いたのが，前節のオイラー法である．この方法による誤差は (4) によって与えられる．これは h^2 の項からはじまるので，**誤差のオーダー**は h^2 であるという．一般に h^p のオーダーの量†というのを $O(h^2)$ で表すので，オイラー法の誤差は $O(h^2)$ であると表現することも多い．

次に，(2) と同様に，x_k のまわりでの $y(x_k + h)$ と $y(x_k - h)$ のテイラー展開を一緒に考えよう．

---

† $u(h) = O(h^p)$ というのは，$\left|\dfrac{u(h)}{h^p}\right| \leq M$ というような定数 M が存在するということである．

付 1.3 テイラー展開からの検討

$$y(x_k + h) = y(x_k) + hy'(x_k) + \frac{h^2}{2!}y''(x_k) + \frac{h^3}{3!}y'''(x_k) + \cdots$$

$$y(x_k - h) = y(x_k) - hy'(x_k) + \frac{h^2}{2!}y''(x_k) - \frac{h^3}{3!}y'''(x_k) + \cdots$$

を引き算すれば,

$$y(x_k + h) - y(x_k - h) = 2hy'(x_k) + \frac{h^3}{3}y'''(x_k) + \cdots \tag{5}$$

となる. この関係を, $y_1, y_2 \cdots$ をきめる際のルールとして,

$$y_{k+1} - y_{k-1} = 2hf_k$$

として用いることにする. すなわち,

$$y_{k+1} = y_{k-1} + 2hf_k \tag{6}$$

これは, **中点法** (修正オイラー法, ナイストローム法ともいう) とよばれ, 打ち切り誤差は (5) からわかるように $O(h^3)$ である.

この方法を用いる際には, y_1 が知られなければならない. そのためには, (2) を $k = 0$ として用い,

$$y_1 = y_0 + hf_0 + \frac{h^2}{2}y''(x_0) \tag{7}$$

とする. (1) から

$$y''(x) = \frac{\partial}{\partial x}f(x, y) + \frac{\partial}{\partial y}f(x, y) \cdot y'(x) \tag{8}$$

となるので, $y''(x_0)$ はこれによって求めることができる.

(8) を用いるならば, 各 x_k で (7) の形の計算をすればよいのではないか, とも考えられるが, $f(x, y)$ は一般に x, y の面倒な関数であり, これに加えて, $\frac{\partial}{\partial x}f(x, y)$, $\frac{\partial}{\partial y}f(x, y)$ の値も計算するのは相当な手間を重ねることになる. そこで, 出発点で 1 回だけ (8) を用い, あとは $f(x, y)$ の計算だけですませようというのが, 微分方程式の数値解法に共通した考え方である.

● **陰的公式** ●

つぎに，$x_k, y_k, x_{k+1}, y_{k+1}$ と，f_k, f_{k+1} を用いて，

$$y_{k+1} + \alpha_0 y_k = h(\beta_1 f_{k+1} + \beta_0 f_k) \tag{9}$$

の形で，y_{k+1} の値を定めることを考えてみよう．これは，

$$y(x_k + h) + \alpha_0 y(x_k) \fallingdotseq h\{\beta_1 y'(x_{k+1}) + \beta_0 y'(x_k)\} \tag{10}$$

という関係から導かれたと見るのである．そして，ここで $\alpha_0, \beta_0, \beta_1$ を適当に定めて，(10) がよい近似公式となるようにすることを考える．

$$y(x_k + h) = y(x_k) + hy'(x_k) + \frac{h^2}{2!}y''(x_k) + \frac{h^3}{3!}y'''(x_k) + \cdots$$

$$y'(x_k + h) = y'(x_k) + hy''(x_k) + \frac{h^2}{2!}y'''(x_k) + \cdots$$

を (10) に代入して，左辺 − 右辺 をつくると，

$$c_0 y(x_k) + c_1 h y'(x_k) + c_2 h^2 y''(x_k) + c_3 h^3 y'''(x_k) + \cdots \tag{11}$$

ただし，

$$c_0 = 1 + \alpha_0$$
$$c_1 = 1 - \beta_0 - \beta_1$$
$$c_2 = \frac{1}{2} - \beta_1$$
$$c_3 = \frac{1}{6} - \frac{1}{2}\beta_1$$

これから，

$$\alpha_0 = -1$$
$$\beta_0 = \frac{1}{2}$$
$$\beta_1 = \frac{1}{2}$$

とすると，(11) は，

$$-\frac{1}{12}h^3 f'''(x_k) + \cdots$$

となる．

したがって，

$$y_{k+1} = y_k + \frac{h}{2}(f_k + f_{k+1}) \tag{12}$$

は，打ち切り誤差が $O(h^3)$ の方法となる．これを**台形公式**という．

ただし，ここでは，

$$f_{k+1} = f(x_{k+1}, y_{k+1})$$

であり，決定すべき y_{k+1} が左辺と右辺の二ヵ所にはいっているので，(12) は，y_{k+1} について解くべき関係式と見なければならない．

このような方式を**陰的公式**といい，これに対し，右辺を計算するだけで y_{k+1} の値を計算できる方法を**陽的公式**という．

陰的公式は，このように精度がよくなり，その他いろいろの利点があるが，どういうふうにして計算を実行するかについては，付 1.6 節で説明する．

例1 **DE1**，**DE2**，**DE3** についての中点法による結果 (次ページ)．

DE1

$y' = y$;　$IC = 0, 1$;　$h = .1$　　（中点法）

x	y：計算値	y：真値	相対誤差
0.0	1		
0.5	1.64737	1.64872	−0.001
1.0	2.71379	2.71828	−0.002
1.5	4.47058	4.48169	−0.002
2.0	7.36462	7.38906	−0.003
2.5	12.1321	12.1825	−0.004
3.0	19.9859	20.0855	−0.005
3.5	32.9239	33.1154	−0.006
4.0	54.2373	54.5981	−0.007
4.5	89.3481	90.017	−0.007
5.0	147.188	148.413	−0.008

DE2

$y' = -y$;　$IC = 0, 1$;　$h = .1$　　（中点法）

x	y：計算値	y：真値	相対誤差
0.0	1		
0.5	.607048	.606531	0.001
1.0	.368476	.367879	0.002
1.5	.223715	.22313	0.003
2.0	.13574	.135335	0.003
2.5	.082502	.082085	0.005
3.0	.0499118	.0497871	0.003
3.5	.0305778	.0301974	0.013
4.0	.0181011	.0183157	−0.012
4.5	.0117469	.011109	0.057
5.0	5.88055E−03	6.73796E−03	−0.127

DE3

$y' = y*y$;　$IC = 0, 1$;　$h = .05$　　（中点法）

x	y：計算値	y：真値	相対誤差
0.0	1		
0.1	1.11078	1.11111	−0.000
0.2	1.24905	1.25	−0.001
0.3	1.42644	1.42857	−0.001
0.4	1.66217	1.66667	−0.003
0.5	1.99038	2	−0.005
0.6	2.47782	2.5	−0.009
0.7	3.27407	3.33333	−0.018
0.8	4.79017	5	−0.042
0.9	8.61968	10	−0.138

付1.4 ルンゲ・クッタ法

この方法では，
$$y_{p+1} = y_p + \frac{1}{6}[k_1 + 2k_2 + 2k_3 + k_4]$$

ただし，
$$k_1 = hf(x_p, y_p)$$
$$k_2 = hf\left(x_p + \frac{h}{2}, \quad y_p + \frac{k_1}{2}\right)$$
$$k_3 = hf\left(x_p + \frac{h}{2}, \quad y_p + \frac{k_2}{2}\right)$$
$$k_4 = hf(x_p + h, \quad y_p + k_3)$$

とする．

この方法によると，打ち切り誤差は $O(h^5)$ となる．

● ルンゲ・クッタ・ギル法 ●

これは，上記の古典的なルンゲ・クッタの方法（1900年前後）をコンピュータ出現後，ギルが改良したもので，多くのコンピュータのライブラリ・プログラムで用いられている．

この方法では，
$$y_{p+1} = y_p + w_1 k_1 + w_2 k_2 + w_3 k_3 + w_4 k_4$$

ただし，

$k_1 = hf(x_p, y_p)$,

$w_1 = \dfrac{1}{6}$

$k_2 = hf\left(x_p + \dfrac{h}{2}, \quad y_p + \dfrac{k_1}{2}\right)$,

$$w_2 = \frac{1-\sqrt{1/2}}{3}$$
$$k_3 = hf\left(x_p + \frac{h}{2},\quad y_p + \left(-\frac{1}{2} + \frac{1}{\sqrt{2}}\right)k_1 + \left(1 - \frac{1}{\sqrt{2}}\right)k_2\right),$$
$$w_3 = \frac{1+\sqrt{1/2}}{3}$$
$$k_4 = hf\left(x_p + h,\quad y_p - \frac{1}{\sqrt{2}}k_2 + \left(1 + \frac{1}{\sqrt{2}}\right)k_3\right),$$
$$w_4 = \frac{1}{6}$$

とする.

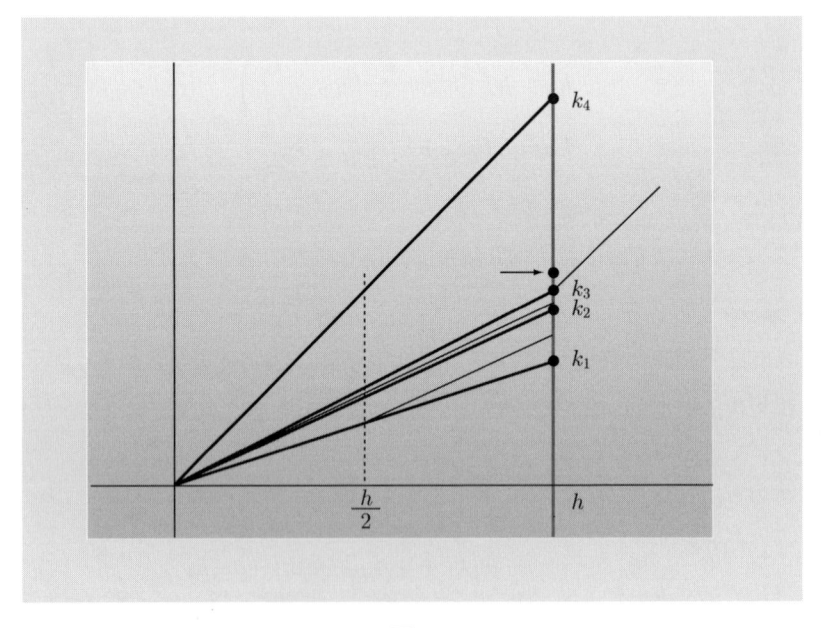

図 2

例 1 DE1, DE2, DE3 のルンゲ・クッタ法による結果. ルンゲ・クッタ・ギル法でも, 結果はほとんど同じである.

DE1

y′ = y;　IC = 0, 1;　h = .5　　（ルンゲ・クッタ法）

x	y：計算値	y：真値	相対誤差
0.0	1		
1.0	2.71735	2.71828	−0.000
2.0	7.38397	7.38906	−0.001
3.0	20.0648	20.0855	−0.001
4.0	54.523	54.5981	−0.001
5.0	148.158	148.413	−0.002
6.0	402.596	403.429	−0.002
7.0	1093.99	1096.63	−0.002
8.0	2972.76	2980.96	−0.003
9.0	8078.02	8103.08	−0.003
10.0	21950.8	22026.5	−0.003

DE2

y′ = −y;　IC = 0, 1;　h = .5　　（ルンゲ・クッタ法）

x	y：計算値	y：真値	相対誤差
0.0	1		
1.0	.368171	.367879	0.001
2.0	.13555	.135335	0.002
3.0	.0499055	.0497871	0.002
4.0	.0183737	.0183156	0.003
5.0	6.76468E−03	6.73795E−03	0.004
6.0	2.49056E−03	2.47875E−03	0.005
7.0	9.1695E−04	9.11882E−04	0.006
8.0	3.37594E−04	3.35463E−04	0.006
9.0	1.24292E−04	1.2341E−04	0.007
10.0	4.57608E−05	4.53999E−05	0.008

DE3

y′ = y ∗ y;　IC = 0, 1;　h = .1　　（ルンゲ・クッタ法）

x	y：計算値	y：真値	相対誤差
0.0	1		
0.1	1.11111	1.11111	−0.000
0.2	1.25	1.25	−0.000
0.3	1.42857	1.42857	−0.000
0.4	1.66665	1.66667	−0.000
0.5	1.99996	2	−0.000
0.6	2.49988	2.5	−0.000
0.7	3.33284	3.33333	−0.000
0.8	4.99663	5	−0.001
0.9	9.92913	10	−0.007

付1.5 数式計算ソフトによる解

数式計算ソフト——Mathematica や，Maple, Mathcad など——には，微分方程式の数値解を求める命令が備わっている．これらは，いずれも，4次のルンゲ・クッタ法（誤差が $O(h^5)$ の法）である．

解を求める方式は，次の通りである．

$$y_{n+1} = y_n + \frac{h}{6}\{k_1 + 2\,k_2 + 2\,k_3 + k_4\}$$

ここで，

$$k_1 = f(x_n, y_n)$$
$$k_2 = f\left(x_n + \frac{h}{2},\, y_n + \frac{hk_1}{2}\right)$$
$$k_3 = f\left(x_n + \frac{h}{2},\, y_n + \frac{hk_2}{2}\right)$$
$$k_4 = f(x_{n+1},\, y_n + hk_3)$$

以下，Mathematica にしたがって，その使用を解説する．

Mathematica における命令は，`NDSolve` であり，これを適用した結果は，`InterpolatingFunction` として出てくる．歩みの幅は，プログラムの中で，自然に設定される．

結果の値を見るには，`y[.5]/.%` とする．（例えば，x の変域が $0 \leqq x \leqq 1$ のとき）

また，グラフ表示には，`Plot[Evaluate[y[x]/.%],x,0,1]`

例1 DE1 の `NDSolve` による結果．

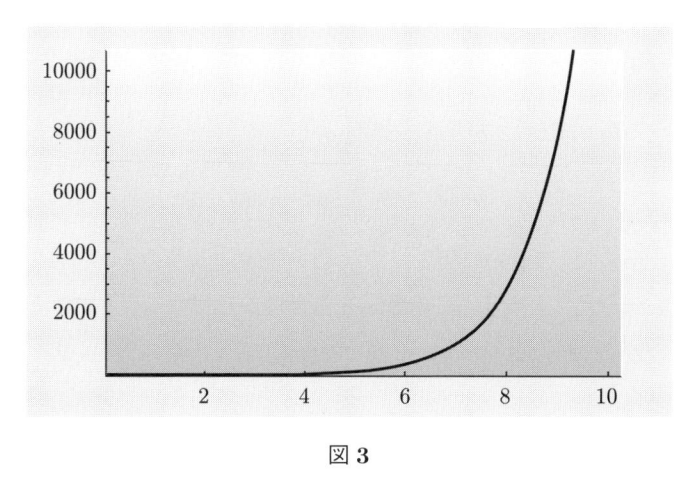

付 1.6 予測子・修正子法

図 3

DE1
$y' = y;$ IC $= 0, 1$　　(Mathematica—NDSolve)

x	y：計算値	y：真値	相対誤差
0.0	1	1	0
1.0	2.7183	2.71828	5.82903×10^{-6}
2.0	7.38911	7.38906	6.76538×10^{-8}
3.0	20.0857	20.0855	7.50968×10^{-6}
4.0	54.5986	54.5982	8.21614×10^{-6}
5.0	148.415	148.413	9.28504×10^{-6}
6.0	403.433	403.429	1.00242×10^{-5}
7.0	1096.65	1096.63	1.10492×10^{-5}
8.0	2980.99	2980.96	1.18334×10^{-5}
9.0	8103.19	8103.08	1.28084×10^{-5}
10.0	22026.8	22026.5	1.36791×10^{-5}

付 1.6　予測子・修正子法

付 1.3 節の終りに述べた台形公式では，

$$y_{k+1} = y_k + \frac{h}{2}\{f(x_k, y_k) + f(x_{k+1}, y_{k+1})\} \tag{1}$$

で，この式の左辺にも右辺にも y_{k+1} がはいっているので，右辺を計算して y_{k+1} とする，というようなわけにはいかない．この式を y_{k+1} に関する方程

式として解く必要がある．

このようなときによく用いられるのは**反復法**である．

すなわち，y_{k+1} の第 1 近似として適当な値，たとえば，

$$y_{k+1} = y_k + hf(x_k, y_k) \tag{2}$$

をとり，これを (1) の右辺に代入して y_{k+1} の第 2 近似を得，さらにこれをまた (1) の右辺に代入して y_{k+1} の第 3 近似を得る，というようにする．もちろん，この方法で得た近似が (1) を満たす y_{k+1} の真の値に近づいていくことが保証されなければならないわけだが，このようにしていくのは，実用的に有効な方法である．

第 1 近似に用いる (2) のような式を**予測子**といい，第 2 近似以下の (1) の式を**修正子**という．

● ミルン法（2 次）●

これは，中点法と台形公式をつき合わせたものである．

$$\begin{aligned}
\text{予測子} \quad & y_{k+1}{}^{(0)} = y_{k-1} + 2hf_k \\
\text{修正子} \quad & y_{k+1}{}^{(j+1)} = y_k + \tfrac{1}{2}h\{f(x_k, y_k) + f(x_{k+1}, y_{k+1}{}^{(j)})\} \\
& \hspace{5em} (j = 0, 1, 2, \cdots)
\end{aligned}$$

ただし，修正子をとる演算は，あまり回数多く行っても，面倒なだけであるから，

$$c_j = y_{k+1}{}^{(j+1)} - y_{k+1}{}^{(j)}$$

をつくって，これが望む精度より小さな数となったところで打ち切る．1〜2 回ですむ程度に歩み幅をきめるのが適当である．

この方法による打ち切り誤差は，$O(h^3)$ である．

例 1　DE1，DE2，DE3 を 2 次のミルン法で計算した結果．

付 1.6 予測子・修正子法

DE1

$y' = y$;   IC = 0, 1;   h = .1   （2次ミルン法）

x	y：計算値	y：真値	相対誤差
0.0	1		
0.5	1.64901	1.64872	0.000
1.0	2.71988	2.71828	0.001
1.5	4.48617	4.48169	0.001
2.0	7.39948	7.38906	0.001
2.5	12.2047	12.1825	0.002
3.0	20.1304	20.0855	0.002
3.5	33.2032	33.1154	0.003
4.0	54.7653	54.5981	0.003
4.5	90.3299	90.017	0.003
5.0	148.99	148.413	0.004

DE2

$y' = -y$;   IC = 0, 1;   h = .1   （2次ミルン法）

x	y：計算値	y：真値	相対誤差
0.0	1		
0.5	.60644	.606531	-0.000
1.0	.367674	.367879	-0.001
1.5	.222914	.22313	-0.001
2.0	.135149	.135335	-0.001
2.5	.0819381	.082085	-0.002
3.0	.0496776	.0497871	-0.002
3.5	.0301186	.0301974	-0.003
4.0	.0182604	.0183157	-0.003
4.5	.0110709	.011109	-0.003
5.0	6.7121E-03	6.73796E-03	-0.004

DE3

$y' = -y$;   IC = 0, 1;   h = .1   （2次ミルン法）

x	y：計算値	y：真値	相対誤差
0.0	1		
0.1	1.11105	1.11111	-0.000
0.2	1.2502	1.25	0.000
0.3	1.42927	1.42857	0.000
0.4	1.66843	1.66667	0.001
0.5	2.00423	2	0.002
0.6	2.51059	2.5	0.004
0.7	3.36426	3.33333	0.009
0.8	5.12834	5	0.026
0.9	11.6257	10	0.163

● ミルン法（4次）●

この方法では，

予測子　　$y_{k+1} = y_{k-3} + \dfrac{4}{3}h(2f_k - f_{k-1} + 2f_{k-2})$

修正子　　$y_{k+1} = y_{k-1} + \dfrac{1}{3}h(f_{k+1} + 4f_k + f_{k-1})$

とする．

この方法による打ち切り誤差は $O(h^5)$ である．

● ハミング法 ●

この方法では，予測子はミルン法と同じものを用いる．

予測子　　$y_{k+1} = y_{k-3} + \dfrac{4}{3}h(2f_k - f_{k-1} + 2f_{k-2})$

修正子　　$y_{k+1} = \dfrac{1}{8}(9y_k - y_{k-2}) + \dfrac{3}{8}h(f_{k+1} + 2f_k - f_{k-1})$

とする．

この方法による打ち切り誤差は $O(h^5)$ である．

これらのいろいろの方法は，もちろん，手間が少なく，かつ，より精密な解を得る，という方針で導かれたものであるが，実は数値解析法には，次の節で述べる数値的不安定性という現象がある．そして，一般の数値解法の公式としては，なるべく広い範囲の微分方程式に安定した解を与えるものでなければならない．その意味では，上記ハミングの公式は，ミルンの公式よりも，精度的にはやや落ちるが，安定性においてはすぐれているものである．

例2　**DE1**，**DE2**，**DE3** を 4 次のミルン法，およびハミング法で計算した結果．

$y' = -y$ では，ミルン法では $h = 0.5$ とすると，$x > 5$ 以上では非常に誤差が大きくなってしまうので，$h = 0.25$ で $x \leqq 5$ での値を示した．

ハミング法では，ミルン法より誤差は大きいが，$h = 0.5$ でも $x = 10$ まで誤差が極端に大きくなるということはない．

付 1.6 予測子・修正子法

DE1

$y' = y$; IC = 0, 1; h = .5   (4次ミルン法)

x	y：計算値	y：真値	相対誤差	反復回数
0.0	1			
1.0	2.71735			
2.0	7.38765	7.38906	−0.000	3
3.0	20.0872	20.0855	0.000	3
4.0	54.6191	54.5981	0.000	3
5.0	148.516	148.413	0.001	3
6.0	403.835	403.429	0.001	3
7.0	1098.08	1096.63	0.001	3
8.0	2985.83	2980.96	0.002	3
9.0	8118.86	8103.08	0.002	3
10.0	22076.3	22026.5	0.002	3

DE2

$y' = -y$; IC = 0, 1; h = .25   (4次ミルン法)

x	y：計算値	y：真値	相対誤差	反復回数
0.0	1			
0.5	.606543			
1.0	.367882	.367879	0.000	2
1.5	.223127	.22313	−0.000	2
2.0	.13533	.135335	−0.000	2
2.5	.0820775	.082085	−0.000	2
3.0	.049778	.0497871	−0.000	2
3.5	.0301868	.0301974	−0.000	2
4.0	.0183032	.0183156	−0.001	2
4.5	.0110945	.011109	−0.001	3
5.0	6.72101E-03	6.73795E-03	−0.003	3

DE3

$y' = -y$; IC = 0, 1; h = .1   (4次ミルン法)

x	y：計算値	y：真値	相対誤差	反復回数
0.0	1			
0.1	1.11111			
0.2	1.24996			
0.3	1.42848			
0.4	1.6667	1.66667	0.000	2
0.5	2.00024	2	0.000	3
0.6	2.50126	2.5	0.001	3
0.7	3.33944	3.33333	0.002	4
0.8	5.04494	5	0.009	6
0.9	11.553	10	0.155	24

DE1

$y' = y$; IC = 0, 1; h = .5 (4次ハミング法)

x	y：計算値	y：真値	相対誤差	反復回数
0.0	1			
1.0	2.71735			
2.0	7.38889	7.38906	-0.000	4
3.0	20.1088	20.0855	0.001	4
4.0	54.7284	54.5981	0.002	4
5.0	148.95	148.413	0.004	4
6.0	405.386	403.429	0.005	4
7.0	1103.31	1096.63	0.006	4
8.0	3002.78	2980.96	0.007	4
9.0	8172.44	8103.08	0.009	4
10.0	22242.3	22026.5	0.010	4

DE2

$y' = -y$; IC = 0, 1; h = .5 (4次ハミング法)

x	y：計算値	y：真値	相対誤差	反復回数
0.0	1			
1.0	.368171			
2.0	.135353	.135335	0.000	5
3.0	.0496475	.0497871	-0.003	5
4.0	.0181898	.0183156	-0.007	5
5.0	6.66051E-03	6.73795E-03	-0.011	5
6.0	2.43814E-03	2.47875E-03	-0.016	5
7.0	8.92366E-04	9.11882E-04	-0.021	5
8.0	3.26584E-04	3.35463E-04	-0.026	5
9.0	1.19517E-04	1.2341E-04	-0.032	5
10.0	4.37376E-05	4.53999E-05	-0.037	5

DE3

$y' = -y$; IC = 0, 1; h = .05 (4次ハミング法)

x	y：計算値	y：真値	相対誤差	反復回数
0.0	1			
0.1	1.11111			
0.2	1.25	1.25	-0.000	1
0.3	1.42858	1.42857	0.000	1
0.4	1.66668	1.66667	0.000	1
0.5	2.00006	2	0.000	2
0.6	2.50029	2.5	0.000	2
0.7	3.33471	3.33334	0.000	3
0.8	5.00963	5.00001	0.002	4
0.9	10.2049	10	0.020	7

付 1.7 数値的不安定性

この現象は，すでに付 1.3 節の例 **DE2** の解の中に現れている．相対誤差の欄を見れば，これが非常に揺れ動いていることが目につくであろう．この理由を解明してみよう．

DE2 は，

$$y' = y, \quad \text{初期条件} \quad y(0) = 1 \tag{1}$$

というものであった．そして中点法では，

$$y_{k+1} - y_{k-1} = 2hf_k$$

としているから，ここでは，

$$y_{k+1} + 2hy_k - y_{k-1} = 0 \tag{2}$$

を用いていることになる．

ところで，(2) は，

$$y_k = r^k \tag{3}$$

という形の解をもっている．実際，これを (2) に代入すれば，

$$r^2 + 2hr - 1 = 0$$

が得られ，

$$r = -h \pm \sqrt{1 + h^2} \tag{4}$$

のときには (2) が満たされることになる．このままで計算を続行するとややこしくなるので，いま h が小さければ $1 + h^2$ は 1 としておいても大差ないと考え，(4) の二つの値を

$$r_1 = 1 - h, \quad r_2 = -1 - h \tag{5}$$

として扱っておこう.

(2) は y_{k+1}, y_k, y_{k-1} に関して線形だから,解 (3) の任意の線形結合がまた (2) の解になる. したがって,(2) の解は,一般に,

$$y_k = c_1 r_1{}^k + c_2 r_2{}^k$$

と表される. ここで, c_1, c_2 は初期条件

$$y_0 = 1$$
$$y_1 = 1 - h + \frac{h^2}{2}$$

から定める. すなわち,

$$c_1 + c_2 = 1$$
$$c_1(1-h) + c_2(-1-h) = 1 - h + \frac{h^2}{2}$$

これから,

$$c_1 = 1 + \frac{1}{4}h^2$$
$$c_2 = -\frac{1}{4}h^2$$

となる. したがって,

$$y_k = \left(1 + \frac{1}{4}h^2\right)(1-h)^k - (-1)^k \frac{1}{4}h^2(1+h)^k \tag{6}$$

が (2) の解である.

いま,

$$hk = t$$

すなわち,

$$h = \frac{t}{k}$$

とすれば, (6) は,

付 1.7 数値的不安定性

$$y_k = \left(1 + \frac{1}{4}h^2\right)\left(1 - \frac{t}{k}\right)^k - (-1)^k \frac{1}{4}h^2 \left(1 + \frac{t}{k}\right)^k$$

となり，これは k が十分大きければ，

$$y_k \fallingdotseq \left(1 + \frac{1}{4}h^2\right) e^{-t} - (-1)^k \frac{1}{4}h^2 e^t$$

となる．

さて，h は小さい数だけれども，歩み幅として固定した数である．そこで，t が大きな数ならば，$h^2 e^t$ は相当大きな値となる．$h = 0.01$ としても $e^{10} \fallingdotseq 22026$ だから，$t = 10$ のとき $h^2 e^t \fallingdotseq 2$ という無視できない大きさである．

ところで，求める解は $y = e^{-t}$ であるが，これは小さな数だから，t が大きくなるとこちらのほうが無視されることになり，行った数値計算の結果は，解とは関係のないものを求めていることになる．

このような現象から逃れるために，歩み幅 h をうんと小さくとれば，こんどは回数の多い計算のために時間がかかり，また誤差の累積も重大な影響を及ぼすようになるであろう．

いずれ，数値解法による計算では，得られた数値は解の真の値ではなく，それに近いであろうと思われるものをつくり出したにすぎない．その方法の適用に関しては，おのずから限界がある，ということを心得ておかなければならない．

付 1.8 数値解法の実際

　前節のおわりに述べたように，数値解法で得られるものが，ほんとうに正しい値に近い値であることを保証することは，なかなか困難である．前節までに示した数値データは，いずれも解がわかっている，そして非常に簡単な微分方程式についてであった．真の解がわかってしまえば，数値解などはいらないわけだから，ここで示したような比較は，実際はやらないわけだが，問題点の検討のために，このようなものをとりあげたのである．

　それでは，実際に解のわかっていない微分方程式に数値解法をほどこすとき，どのような点を注意すべきであろうか．

(i)　一つの方法で，歩み幅を変えて計算を行い，数値があまり動かないかどうかをたしかめる．通常，歩み幅を半分，半分としていって検討する．

(ii)　異なる方法でやってみて，結果があまり違わないかどうかをたしかめる．

(iii)　数値に大きな揺らぎがないかどうかたしかめる．それには，階差 $y_{k+1} - y_k$ をつくり，これがだいたい一定の傾向（増加とか減少とか）を示すようであればよい．これが $+$, $-$ を繰り返すようだと，いろいろな検討を要し，あるいは使いものにならないということもおきる．

　ともかく，いっぺん通り計算して，それで OK，というようなわけにはいかないことは，十分心得ておくべきである．

　問　この章では，各節毎の問をつけなかったが，各節で述べた方法をプログラム化し，今まで各章で見てきた微分方程式について，数値的な検討を行うことを課題とする．

付第2章

複素数の利用

付2.1 複素数平面

複素数 $z = a + bi$ に対して，平面上に直交座標系をとり，z に座標 (a,b) の点を対応させるようにしたとき，この平面を**複素数平面**という．ちょうど，実数が数直線上の点と一対一対応するように，複素数は，複素数平面上の点と一対一対応をするのである．

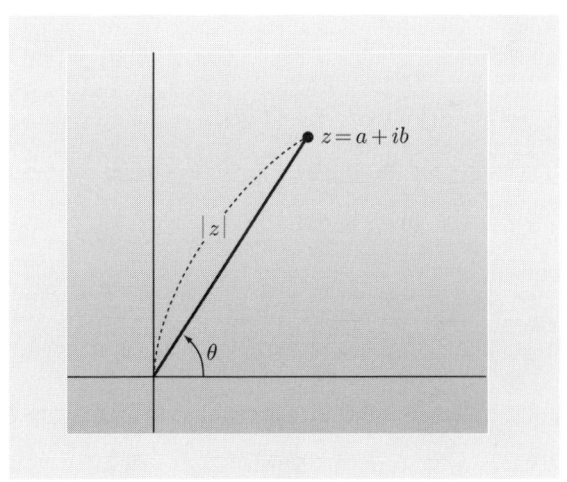

図4

0 と z の距離を z の**絶対値**といい，$|z|$ で表す．ゆえに，

$$|z| = \sqrt{a^2 + b^2}$$

また，x 軸の正の方向と動径 $0z$ のなす角を，z の**偏角**といい，$\arg z$ で表す．

$$\theta = \arg z \quad \text{としたとき，} \quad \tan\theta = \frac{b}{a}$$

そうすれば，

$$a = |z|\cos\theta, \quad b = |z|\sin\theta$$

であるから，

$$z = |z|(\cos\theta + i\sin\theta)$$

と表すことができる．これを，複素数の**極形式表示**という．この $(|z|, \theta)$ は，2.2 節で述べた点 z の極座標にあたっている．

ここで，二つの複素数

$$z_1 = |z_1|(\cos\theta_1 + i\sin\theta_1), \quad z_2 = |z_2|(\cos\theta_2 + i\sin\theta_2)$$

の積をつくってみよう．

$$\begin{aligned}
& (\cos\theta_1 + i\sin\theta_1)(\cos\theta_2 + i\sin\theta_2) \\
=\ & (\cos\theta_1\cos\theta_2 - \sin\theta_1\sin\theta_2) + i(\sin\theta_1\cos\theta_2 + i\cos\theta_1\sin\theta_2) \\
=\ & \cos(\theta_1 + \theta_2) + i\sin(\theta_1 + \theta_2)
\end{aligned}$$

であるから，

$$z_1 z_2 = |z_1||z_2|(\cos(\theta_1 + \theta_2) + i\sin(\theta_1 + \theta_2))$$

すなわち，複素数の積では，絶対値は積になり，偏角は和になる．

なお，下の図で，z_1 と $z_1 + z_2$ の距離が $|z_2|$ であることから，

$$|z_1 + z_2| \leqq |z_1| + |z_2|$$

であることが知られる．

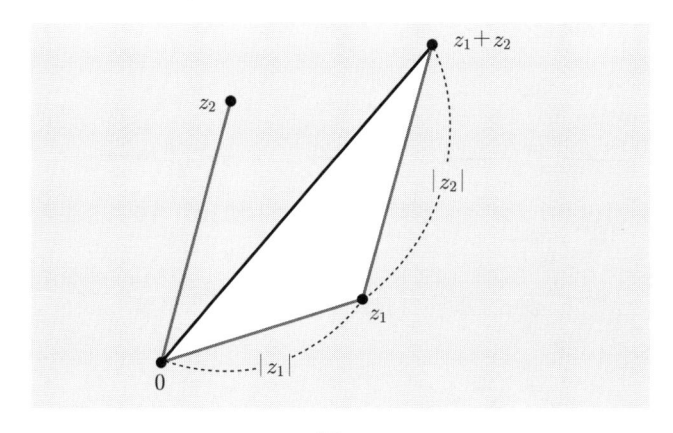

図 5

付2.2 級　　数

複素数を項とする級数

$$\sum_{n=0}^{\infty} a_n = a_0 + a_1 + a_2 + \cdots$$

に対しても，実数の級数と同じように，その部分和がある値に収束するとき，収束するといい，その値を級数の和という．

収束するときは，$\lim_{n\to\infty} a_n = 0$ である．また，コーシーの収束判定条件，すなわち，

　　任意の $p < q$ に対して，$\displaystyle\sum_{n=p}^{q} a_n$ は，$p \to \infty$ のとき 0 に収束する

は，複素数の級数についても成立する．

各項の絶対値をとった級数

$$|a_0| + |a_1| + |a_2| + \cdots$$

が収束するとき，もとの級数は**絶対収束**するという．このとき，もとの級数は収束する．絶対収束する級数では，項の順序を任意に入れ替えても，収束

する性質や，その和は変わらない．

二つの級数 $\sum_{n=0}^{\infty} a_n$, $\sum_{n=0}^{\infty} b_n$ に対して，その積として，

$$c_n = a_0 b_n + a_1 b_{n-1} + a_2 b_{n-2} + \cdots + a_n b_0$$

を項とする級数を考えよう．これは，通常の有限個の項からなる和の積を分配法則によって展開したのを，無限に延ばした形となっている．

$\sum_{n=0}^{\infty} a_n$, $\sum_{n=0}^{\infty} b_n$ がともに絶対収束する級数であるときは，

$$\sum_{n=0}^{\infty} c_n = \left(\sum_{n=0}^{\infty} a_n\right)\left(\sum_{n=0}^{\infty} b_n\right)$$

である．このことを，次のスキームを使って調べてみる．

	b_0	b_1	b_2	$\cdots$	b_p	b_{p+1}	$\cdots$	b_{2p}	$\cdots$
a_0	$a_0 b_0$	$a_0 b_1$	$a_0 b_2$	$\cdots$	$a_0 b_p$	$a_0 b_{p+1}$	$\cdots$	$a_0 b_{2p}$	$\cdots$
a_1	$a_1 b_0$	$a_1 b_1$	$a_1 b_2$	$\cdots$	$a_1 b_p$	$a_1 b_{p+1}$	$\cdots$	$a_1 b_{2p}$	$\cdots$
a_2	$a_2 b_0$	$a_2 b_1$	$a_2 b_2$	$\cdots$	$a_2 b_p$	$a_2 b_{p+1}$	$\cdots$	$a_2 b_{2p}$	$\cdots$
$\vdots$	$\vdots$	$\vdots$	$\vdots$	$\ddots$	$\vdots$	$\ddots$	$\vdots$	$\vdots$	
a_p	$a_p b_0$	$a_p b_1$	$a_p b_2$	$\cdots$	$a_p b_p$	$a_p b_{p+1}$	$\cdots$	$a_p b_{2p}$	$\cdots$
a_{p+1}	$a_{p+1} b_0$	$a_{p+1} b_1$	$a_{p+1} b_2$	$\cdots$	$a_{p+1} b_p$	$a_{p+1} b_{p+1}$	$\cdots$	$a_{p+1} b_{2p}$	$\cdots$
$\vdots$	$\vdots$	$\vdots$	$\ddots$	$\vdots$	$\ddots$	$\vdots$	$\vdots$		
a_{2p}	$a_{2p} b_0$	$a_{2p} b_1$	$a_{2p} b_2$	$\cdots$	$a_{2p} b_p$	$a_{2p} b_{p+1}$	$\cdots$	$a_{2p} b_{2p}$	$\cdots$
$\vdots$	$\vdots$	$\vdots$	$\ddots$	$\vdots$	$\ddots$	$\vdots$	$\vdots$		

このスキームから，次のことがわかる．

$$\left|\sum_{n=0}^{2p} c_n - \left(\sum_{n=0}^{p} a_n\right)\left(\sum_{n=0}^{p} b_n\right)\right|$$
$$\leq \left(\sum_{n=0}^{2p} |a_n|\right)\left(\sum_{n=p+1}^{2p} |b_n|\right) + \left(\sum_{n=p+1}^{2p} |a_n|\right)\left(\sum_{n=1}^{p} |b_n|\right)$$

ここで，$\lim_{p\to\infty}\sum_{n=p+1}^{2p}|a_n|=0$, $\lim_{p\to\infty}\sum_{n=p+1}^{2p}|b_n|=0$ であるから，$n\to\infty$ とすることによって，
$$\sum_{n=0}^{\infty}c_n=\left(\sum_{n=0}^{\infty}a_n\right)\left(\sum_{n=0}^{\infty}b_n\right)$$
が，たしかめられた．

付2.3 指数関数

5.2節でも述べたことであるが，複素数 z に対して，
$$\sum_{n=0}^{\infty}a_n=a_0+a_1z+a_2z^2+\cdots$$
を，z の**整級数**という．この級数は，収束半径を r とするとき，$|z|<r$ のとき，絶対収束する．

次の，整級数で定義された関数を見てみよう．
$$\cos z = 1 - \frac{1}{2!}z^2 + \frac{1}{4!}z^4 + \cdots + (-1)^n\frac{1}{(2n)!}z^{2n}+\cdots$$
$$\sin z = z - \frac{1}{3!}z^3 + \frac{1}{5!}z^5 + \cdots + (-1)^n\frac{1}{(2n+1)!}z^{2n+1}+\cdots$$
$$\exp z = 1 + z + \frac{1}{2!}z^2 + \frac{1}{3!}z^3 + \cdots + \frac{1}{n!}z^n+\cdots$$

これらの関数は，z が実数のときは，微分積分法の中で扱われ，そのとき，これらの整級数は，テイラー展開として，証明されている．なお，$\exp x$ は，e^x と書かれるが，コンピュータソフトでは，$\exp(x)$ と書かれるので，以下では，その記法に従う．

z が複素数のときは，これらの関数は，この整級数によって定義される．ここで，3.3節で述べた次の三つのことが，指数関数を活用する基礎になる．

> 1° オイラーの公式　　$\exp iz = \cos z + i \sin z$
> 2°　$\exp(z+w) = (\exp z)(\exp w)$
> 3°　$\dfrac{d}{dz} \exp z = \exp z$

まず，1° は，単に代入によってたしかめられる．

つぎに，2° については，付 2.2 節に述べた級数の積を利用する．

$$
\begin{aligned}
(\exp z)(\exp w) &= \left(\sum_{p=0}^{\infty} \frac{1}{p!} z^p\right)\left(\sum_{q=0}^{\infty} \frac{1}{q!} w^q\right) \\
&= \sum_{n=0}^{\infty} \left(\sum_{p=0}^{n} \frac{1}{p!} \frac{1}{(n-p)!} z^p w^{n-p}\right) \\
&= \sum_{n=0}^{\infty} \frac{1}{n!} \left(\sum_{p=0}^{n} \frac{n!}{p!(n-p)!} z^p w^{n-p}\right) \\
&= \sum_{n=0}^{\infty} \frac{1}{n!} (z+w)^n = \exp(z+w)
\end{aligned}
$$

また，3° は，容易にたしかめられる．

問 題 略 解

第 1 章

1.2 問 (1) $y = \tan\left(\frac{1}{2}x^2 + C\right)$ (2) $y = C(1+x^2)^{3/2}$
(3) $y = -\log|C - e^x|$ (4) $y = \cos^{-1}(C\cos x)$

1.3 問 (1) $x^2 - 2xy - y^2 = C$ (2) $x^2 + y^2 = C(x+y)$
(3) $\sqrt{x^2 + y^2} - y = C$
(4) $\log(15x + 10y - 1) + \frac{5}{2}(x-y) = C$

1.4 問 1 (1) $y = Ce^{3x} - \frac{1}{4}e^{-x}$ (2) $y = C\sqrt{x^2+1} - 1$
(3) $y = x(C - \cos x)$ (4) $2r\sin^2\theta + \sin^4\theta = C$

問 2 (1) $\frac{1}{y} = 1 - x + Ce^{-x}$ (2) $2x^3 y^3 = 3a^2 x^2 + C$

1.5 問 1 (1) $xy = C$ (2) $x^3 + 3x^2 y^2 + \frac{4}{3}y^3 = C$
(3) $e^{3x}y - x^2 = C$ (4) $y\sin x + x\cos y = C$

問 2 (1) 積分因子 x　解 $3x^4 + 4x^3 + 6x^2 y^2 = C$
(2) 積分因子 $\frac{1}{x^2 y^2}$　解 $\frac{1}{xy} - y = C$
(3) 積分因子 $\frac{1}{y^4}$　解 $x^2 e^y + \frac{x^2}{y} + \frac{x}{y^3} = C$
(4) 積分因子 $\frac{1}{\cos^2 x \cos^2 y}$　解 $\tan x \tan y = C$

1.6 問 (1) x を y の関数と見る． $x = e^{-y}\left(C - \int \frac{e^y}{y}dy\right)$
(2) $x + y = u$ とおく． $x - y = \frac{1}{2}\sin 2(x+y) + C$
(3) $x^2 = u, y^2 = v$ とおく． $(x^2 - y^2 - 1)^5 = C(x^2 + y^2 - 3)$
(4) $e^y = u$ とおく． $y = \log\{1 + C\exp(-e^x)\}$

1.8 問 (1) $y = \pm 1$ (2) $x^2 + y^2 = 1$
(3) $x^{2/3} + y^{2/3} = 1$ (4) $y^2 = 4x$

問題略解

1.9 問
(1) 一般解 $1 + 4x - 8y = 4(x + C)^2$　特異解 $x = 2y - \dfrac{1}{4}$

(2) 一般解 $y^2 = 4C(x - C)$　　特異解 $y = \pm x$

(3) 一般解 $y = Cx + \sqrt{1 + C^2}$　特異解 $x^2 + y^2 = 1$

(4) 一般解 $y = Cx + \dfrac{C}{\sqrt{1 + C^2}}$　特異解 $x^{2/3} + y^{2/3} = 1\ (x < 0)$

1.10 問
(1) $C_1^2 y = C_1 x^2 - x + C_2,\quad y = C_2,\quad y = \dfrac{1}{3}x^3 + C_2$

(2) $y = \dfrac{1}{\sqrt{2}} \sin^{-1} C_1 x^2 + C_2$

(3) $\sqrt{y^2 + C_1} = \pm x + C_2$

(4) $y = \tan(C_1 x + C_2)$

(5) $y = C_1 e^x + C_1 e^{-x} + 6$

(6) $4(\sqrt{y} + C_1)(\sqrt{y} - 2C_1)^2 = (3x \pm C_2)^2$

第 2 章

2.1 問
(1) 一定の長さを k とすれば，　$y = Ce^{x/k}$　　(C は任意の定数)

(2) 一定の長さを k とすれば，　$y^2 = -2kx + C$　(C は任意の定数)

(3) $y^2 - x^2 = C$　　(C は任意の定数)

(4) $y^2 + x^2 = Cx$　(C は任意の定数)

2.2 問 (1) $y^2 - x^2 = C$　　(2) $2y^2 = x + C$

2.3 問 (1) $t = 0$ のとき，$x = 0,\ \dot{x} = v_0$ とする．

$$x = \dfrac{v_0}{2}\sqrt{\dfrac{m}{2}}\left(e^{\sqrt{\frac{2}{m}}t} - e^{-\sqrt{\frac{2}{m}}t}\right)$$

(2) $x = at + \dfrac{m}{r} \log|1 - C_0 e^{-at}| + C$

ただし，$a = \sqrt{\dfrac{mg}{r}} =$ 終速度，$\alpha = 2\sqrt{\dfrac{rg}{m}},\quad C_0 = \dfrac{v_0 - a}{v_0 + a}$

(v_0 は初期速度)，$C = -\dfrac{m}{r}\log|1 - C_0|$

2.4 問 (1) $m\ddot{x} = -mx$

(2) 角振動数 $= 1$,　周期 $= 2\pi$,　振動数 $= \dfrac{1}{2\pi}$,　振幅 $= 5$

(3) $x = 5\sin(t + \alpha)$,　α は $\sin\alpha = -\dfrac{3}{5},\quad \cos\alpha = \dfrac{4}{5}$ を満たす角．

2.5 問　$I(t) = I_0 e^{-t/RC} - \dfrac{E_0 \omega C}{1 + \omega^2 C^2 R^2}\sin\omega t + \dfrac{E_0 \omega C^2 R}{1 + \omega^2 C^2 R^2}(\cos\omega t - 1)$

2.6 問1　$20\,°\text{C}$

問 2 　$x(t) = x_0 2^{-t/P}$

問 3 　約 1.65%
(時刻 t における濃度を x とすれば，dt 時間で $10xdt$ の塩が排出されるから　$1000dx = -10xdt$)

第 3 章

3.1 問　(1)　$-x^2 + C_1 x + C_2 x e^x$　　(2)　$x^2 e^x + C_1(x+1) + C_2 e^x$

3.2 問　(1)　$\dfrac{1}{6}(x-2)^6 e^x + C_1(x-2)^5 e^x + C_2 e^x$

(2)　$1 + C_1 x \log x + C_2 x$

3.3 問 1　$e^{inx} = (e^{ix})^n$ から，または，
$(\cos\theta_1 + i\sin\theta_1)(\cos\theta_2 + i\sin\theta_2) = \cos(\theta_1 + \theta_2) + i\sin(\theta_1 + \theta_2)$
の式を用いて，数学的帰納法による.
なお，$(\cos\theta + i\sin\theta)^{-1} = \cos\theta - i\sin\theta$ である.

問 2　$\left|\dfrac{e^{ix}-1}{ix}\right| = \left|\displaystyle\int_0^1 e^{itx}dt\right| \leqq \displaystyle\int_0^1 |e^{itx}|dt = 1$

3.4 問　(1)　$C_1 e^{3x} + C_2 e^{-5x}$　　(2)　$C_1 e^{(-1+\sqrt{2})t} + C_2 e^{-(1+\sqrt{2})t}$
(3)　$C_1 e^{-3x} + C_2 x e^{-3x}$　　(4)　$C_1 e^{2x} + C_2 x e^{2x}$
(5)　$e^{2x}(C_1 \cos 3x + C_2 \sin 3x)$，または　$Ae^{2x}\cos(3x + \alpha)$
(6)　$C_1 \cos 3x + C_2 \sin 3x$，または　$A\cos(3x + \alpha)$

3.5 問　(1)　$-\dfrac{5}{4}x + C_1 + C_2 e^{4x}$

(2)　$\dfrac{1}{2}x^2 e^{3x} + C_1 x e^{3x} + C_2 e^{3x}$

(3)　$\dfrac{3}{5}e^x(-2\sin x + \cos x) + C_1 e^{\frac{1}{2}(3+\sqrt{5})x} + C_2 e^{\frac{1}{2}+(3-\sqrt{5})x}$

(4)　$\dfrac{2}{3}x\sin 3x + C_1 \sin 3x + C_2 \cos 3x$

(5)　$x^2 + C_1 e^x + C_2 e^{-2x}$

(6)　$\dfrac{1}{4}x^3 + \dfrac{9}{16}x^2 + \dfrac{39}{32}x + \dfrac{81}{128} + e^{\frac{3}{2}x}\left(C_1 \cos\dfrac{\sqrt{7}}{2}x + C_2 \sin\dfrac{\sqrt{7}}{2}x\right)$

(7)　$\left(\dfrac{3}{8}x^2 - \dfrac{3}{16}x\right)e^{2x} + C_1 e^{2x} + C_2 e^{-2x}$

(8)　$\dfrac{1}{4}x\sin 2x - \dfrac{1}{12}\cos 4x + C_1 \cos 2x + C_2 \sin 2x$

3.6 問 (1) $C_1|x|\cos(\sqrt{3}\log|x|) + C_2|x|\sin(\sqrt{3}\log|x|)$

(2) $-\dfrac{1}{8} + C_1 x^4 + \dfrac{C_2}{x^2}$

(3) $\dfrac{1}{16}x^3 + \dfrac{C_1}{x} + \dfrac{C_2}{x}\log|x|$

(4) $2 + x^2\log|x| + C_1 x + C_2 x^2$ $\quad (x = e^u$ とおく$)$

第 4 章

4.3 問 (1) $\dfrac{2}{s^3} + \dfrac{2}{s^2} + \dfrac{1}{s}$ (2) $\dfrac{2}{(s+1)^3}$ (3) $\dfrac{1}{2}\left(\dfrac{1}{s} + \dfrac{s}{s^2-4b^2}\right)$

(4) $\dfrac{1}{s^2+4}$ (5) $\dfrac{a}{2}\left(\dfrac{1}{(s-b)^2+a^2} + \dfrac{1}{(s+b)^2+a^2}\right)$

(6) $\dfrac{1}{\sqrt{2}}\left(\dfrac{1}{\sqrt{s+ib}} + \dfrac{1}{\sqrt{s-ib}}\right) = \sqrt{\dfrac{s+\sqrt{s^2+b^2}}{s^2+b^2}}$

(7) $\log\dfrac{s-\alpha}{s}$ (8) $\log\dfrac{s}{\sqrt{s^2+1}}$

(9) $\dfrac{\alpha e^{-\beta s}}{s^2+\alpha^2}$ (10) $\dfrac{s\cosh bc + b\sinh bc}{s^2-b^2}$

4.4 問 (1) $\dfrac{1}{k}e^{-t/k}$ (2) $\dfrac{1}{a}(1-e^{-at})$

(3) $(1+at)e^{at}$ (4) $\dfrac{1}{a^2}(e^{at} - at - 1)$

(5) $\dfrac{1}{a^2}\{1 + (at-1)e^{at}\}$ (6) $\dfrac{1}{b^2}(\cosh bt - 1)$

(7) $\dfrac{1}{6\,k^4}t^3 e^{-t/k}$ (8) $\dfrac{e^{-t}}{\sqrt{\pi t}}$

(9) $\dfrac{1}{\sqrt{\pi}}\left(\dfrac{1}{\sqrt{t}} + 2\sqrt{t}\right)$ (10) $1 - e^{-\frac{1}{2}t}\left(\cos\dfrac{\sqrt{3}}{2}t + \dfrac{1}{\sqrt{3}}\sin\dfrac{\sqrt{3}}{2}t\right)$

4.5 問 $c_1 = y(0),\ c_2 = y'(0),\ \cdots$ とする.

(1) $\omega \neq 2$ のとき, $\dfrac{a}{\omega^2-4}(\cos 2t - \cos\omega t) + c_1\cos 2t + c_2\sin 2t$

$\omega = 2$ のとき, $\dfrac{a}{4}t\sin 2t + c_1\cos 2t + c_2\sin 2t$

(2) $\dfrac{1}{2}(t+1)e^{-t} - \dfrac{1}{2}\cos t + c_1(t+1)e^{-t} + c_2 t e^{-t}$

(3) $\dfrac{1}{2}t - \dfrac{3}{4} + e^{-t} - \dfrac{1}{4}e^{-2t} + c_1(2e^{-t} - e^{-2t}) + c_2(e^{-t} - e^{-2t})$

問題略解

(4) $\dfrac{1}{2}te^{2t}\sin t + c_1 e^{2t}(\cos t - 2\sin t) + c_2 e^{2t}\sin t$

(5) $-\dfrac{A}{\alpha} + \dfrac{A}{\alpha(1+\alpha^2)}e^{\alpha t} + \dfrac{\alpha A}{1+\alpha^2}\cos t - \dfrac{A}{1+\alpha^2}\sin t$
$+ c_1 + c_2 \sin t + c_3(1 - \cos t)$

(6) $\dfrac{1}{20}te^t(3\sin t - \cos t) - \dfrac{3}{100}e^{-2t} + \dfrac{3}{100}e^t \cos t - \dfrac{1}{25}e^t \sin t$
$+ \dfrac{c_1}{5}(e^{-2t} + 4e^t \cos t - 2e^t \sin t)$
$+ \dfrac{c_2}{5}(-e^{-2t} + e^t \cos t + 2e^t \sin t)$
$+ \dfrac{c_3}{10}(e^{-2t} - e^t \cos t + 3e^t \sin t)$

(7) $\dfrac{1}{8}(e^t - e^{-t}) - \dfrac{1}{2}\sin t + \dfrac{1}{4}t\cos t$
$+ \dfrac{c_1}{4}(e^t + e^{-t} + 2\cos t) + \dfrac{c_2}{4}(e^t - e^{-t} + 2\sin t)$
$+ \dfrac{c_3}{4}(e^t + e^{-t} - 2\cos t) + \dfrac{c_4}{4}(e^t - e^{-t} - 2\sin t)$

(8) $\left(\dfrac{1}{2}t^3 - \dfrac{3}{2}t^2 + \dfrac{9}{4}t - \dfrac{3}{2}\right)e^t + \left(\dfrac{3}{4}t + \dfrac{3}{2}\right)e^{-t}$
$+ \dfrac{c_1}{2}(2\cosh t - t\sinh t)$
$+ \dfrac{c_2}{2}(3\sinh t - t\cosh t)$
$+ \dfrac{c_3}{2}t\sinh t + \dfrac{c_4}{2}(t\cosh t - \sinh t)$

4.6 問 (1) $1 - \cos t - (1 + \cos t)H(t - \pi)$

(2) $\left(\dfrac{1}{2} - e^{-(t-1)} + \dfrac{1}{2}e^{-2(t-1)}\right)H(t-1)$
$- \left(\dfrac{1}{2} - e^{-(t-2)} + \dfrac{1}{2}e^{-2(t-2)}\right)H(t-2)$

4.8 問 (1) $\begin{cases} y_1 = e^t(\cos t - \sin t)y_1(0) - e^t \sin t\, y_2(0) \\ y_2 = 2e^t \sin t\, y_1(0) + e^t(\cos t + \sin t)y_2(0) \end{cases}$

(2) $y_1 = -\dfrac{1}{2} + e^t - \dfrac{11}{34}e^{4t} - \dfrac{3}{17}\cos t + \dfrac{5}{17}\sin t$
$+ y_1(0) + \dfrac{3}{4}(1 - e^{4t})y_2(0)$

$$y_2 = -\frac{2}{3}e^t + \frac{22}{51}e^{4t} + \frac{4}{17}\cos t - \frac{1}{17}\sin t + e^{4t}y_2(0)$$

(3) $\quad y_1 = \dfrac{y_1(0)}{7}(e^t + te^t + 6e^{2t}) + \dfrac{y_2(0)}{7}(9e^t + 2te^t - 9e^{2t})$

$\qquad\qquad +\dfrac{y_3(0)}{7}(-12e^t - 5te^t + 12e^{2t})$

$\quad y_2 = \dfrac{y_1(0)}{7}(-2e^t + 2te^t + 2e^{2t}) + \dfrac{y_2(0)}{7}(10e^t + 4te^t - 3e^{2t})$

$\qquad\qquad +\dfrac{y_3(0)}{7}(-4e^t - 10te^t + 4e^{2t})$

$\quad y_3 = \dfrac{y_1(0)}{7}(-2e^t + te^t + 2e^{2t}) + \dfrac{y_2(0)}{7}(3e^t + 2te^t - 3e^{2t})$

$\qquad\qquad +\dfrac{y_3(0)}{7}(3e^t - 5te^t + 4e^{2t})$

(4) $\quad y_1 = -\dfrac{1}{4}e^{-t} + \dfrac{1}{4}\cos t - \dfrac{1}{4}t\cos t + \dfrac{1}{4}t\sin t$

$\qquad +\dfrac{1}{2}(\cosh t + \cos t)y_1(0) + \dfrac{1}{2}(\sinh t + \sin t)y_1'(0)$

$\qquad -\dfrac{1}{2}(\cosh t + \cos t)y_2(0) - \dfrac{1}{2}(\sinh t + \sin t)y_2'(0)$

$\quad y_2 = \dfrac{1}{4}e^{-t} - \dfrac{1}{4}\cos t - \dfrac{1}{4}t\cos t + \dfrac{1}{2}\sin t + \dfrac{1}{4}t\sin t$

$\qquad +\dfrac{1}{2}(\cosh t + \cos t)y_1(0) + \dfrac{1}{2}(\sinh t + \sin t)y_2'(0)$

$\qquad -\dfrac{1}{2}(\cosh t + \cos t)y_1(0) - \dfrac{1}{2}(\sinh t + \sin t)y_2'(0)$

第 5 章

5.1 問 (1) $y_1(x) = \sum\limits_{n=0}^{\infty}(-1)^n\dfrac{1}{(2n)!}x^{2n}, \quad y_2(x) = \sum\limits_{n=0}^{\infty}(-1)^{n-1}\dfrac{1}{(2n-1)!}x^{2n-1}$

が一組の基本解.（これはそれぞれ, $\cos x, \sin x$ である.）

(2) $y_1(x) = 1 - \dfrac{1}{3\cdot 4}x^4 + \dfrac{1}{3\cdot 4\cdot 7\cdot 8}x^8 - \cdots$

$\quad y_2(x) = x - \dfrac{1}{4\cdot 5}x^5 + \dfrac{1}{4\cdot 5\cdot 8\cdot 9}x^9 - \cdots$

が一組の基本解.

5.2 問 1 いずれも ∞.

問題略解

問2 (1) $\sum_{n=1}^{\infty} \frac{1}{(n-1)!} x^n = xe^x$ 収束半径は ∞.

(2) $y = -\frac{x^2}{2}$, $y = x - \frac{x^2}{2}$

5.3 問1 (1) 部分積分を用いる.

(2) $\int_{-1}^{1} \left(\frac{d^{n-k}}{dx^{n-k}} (x^2-1)^n \right) \left(\frac{d^{n+k}}{dx^{n+k}} (x^2-1)^n \right) dx$

$= \left[\left(\frac{d^{n-k-1}}{dx^{n-k-1}} (x^2-1)^n \right) \left(\frac{d^{n+k}}{dx^{n+k}} (x^2-1)^n \right) \right]_{-1}^{1}$

$- \int_{-1}^{1} \left(\frac{d^{n-k-1}}{dx^{n-k-1}} (x^2-1)^n \right) \left(\frac{d^{n+k+1}}{dx^{n+k+1}} (x^2-1)^n \right) dx$

$(k = 0, 1, \cdots, n-1)$

ここで $[\quad]_{-1}^{1} = 0$

$\int_{-1}^{1} (x+1)^{n+k} (x-1)^{n-k} dx$

$= \frac{1}{n+k+1} \left[(x+1)^{n+k+1} (x-1)^{n-k} \right]_{-1}^{1}$

$- \frac{n-k}{n+k+1} \int_{-1}^{1} (x+1)^{n+k+1} (x-1)^{n-k-1} dx$

$(k = 0, 1, \cdots, n-1)$

ここで $[\quad]_{-1}^{1} = 0$

問2 ライプニッツの公式を用いる.

5.4 問1 例2を用いる.

問2 直接求める.
または,$I_n(x) = i^{-n} J_n(ix)$ であるから,
$ix = t$ とおくと,$\frac{dy}{dt} = i\frac{dy}{dx}$, $\frac{d^2y}{dt^2} = -\frac{d^2y}{dx^2}$
これをベッセルの微分方程式に代入してもよい.

問3 $\frac{1}{1-x}$, $\frac{1}{1-x} \log x$ が一組の基本解.
$y = \sum_{n=1}^{\infty} c_n x^n$ を代入したのでは $\frac{1}{1-x}$ しか出てこない.
もう一つの解は,3.2節の階数低下法で求める.

第 6 章

6.2 問 1 $u(t,x) = \dfrac{8h}{\pi^2} \sum_{n=1}^{\infty} (-1)^{n-1} \dfrac{1}{(2n-1)^2} \cos \dfrac{c}{l}(2n-1)\pi t \sin \dfrac{(2n-1)\pi x}{l}$

問 2 前進波 $\quad \sum_{n=1}^{\infty} \dfrac{A_n}{2} \sin \dfrac{n\pi}{l}(x-ct) + \sum_{n=1}^{\infty} \dfrac{B_n}{2} \cos \dfrac{n\pi}{l}(x-ct)$

後退波 $\quad \sum_{n=1}^{\infty} \dfrac{A_n}{2} \sin \dfrac{n\pi}{l}(x+ct) - \sum_{n=1}^{\infty} \dfrac{B_n}{2} \cos \dfrac{n\pi}{l}(x+ct)$

6.4 問 1 $u(t,x) = \sum_{n=1}^{\infty} A_n \exp\left(-\dfrac{a^2}{4l^2}(2n-1)^2\pi^2 t\right) \sin \dfrac{(2n-1)\pi x}{2l}$

ただし, $A_n = \dfrac{2}{l} \int_0^l \varphi(x) \sin \dfrac{(2n-1)\pi x}{2l} dx$

問 2 $u(t,x) = \dfrac{T}{l}x + \sum_{n=1}^{\infty} A_n \exp\left(-\dfrac{a^2}{l^2}n^2\pi^2 t\right) \sin \dfrac{n\pi x}{l}$

ただし, $A_n = \dfrac{2}{l} \int_0^l \left(\varphi(x) - \dfrac{T}{l}x\right) \sin \dfrac{n\pi x}{l} dx$

6.5 問 1 $u(r,\theta) = \dfrac{2}{\pi} \sum_{n=1}^{\infty} \left(\dfrac{r}{R}\right)^n \sin n\theta \int_0^{\pi} f(\varphi) \sin \varphi d\varphi$

$\qquad = \dfrac{1}{2\pi} \int_0^{\pi} f(\varphi)\{P(r,\theta-\varphi) - P(r,\theta+\varphi)\} d\varphi$

ただし, $P(r,\theta) = \dfrac{R^2 - r^2}{R^2 - 2Rr\cos\theta + r^2}$

問 2 $u(x,y) = \sum_{n=1}^{\infty} \dfrac{\sinh(n\pi(b-y)/a)}{\sinh(n\pi b/a)} \sin \dfrac{n\pi x}{a} \int_0^a f(t) \sin \dfrac{n\pi t}{a} dt$

6.6 問 1 省略.

問 2 6.3 節と類似の状況になる.

付　　表

ラプラス変換表

$f(t)$	$F(s)$
1	$\dfrac{1}{s}$
t^α	$\dfrac{\Gamma(\alpha+1)}{s^{\alpha+1}}$
e^{at}	$\dfrac{1}{s-a}$
$\cos bt$	$\dfrac{s}{s^2+b^2}$
$\sin bt$	$\dfrac{b}{s^2+b^2}$
$e^{at}\cos bt$	$\dfrac{s-a}{(s-a)^2+b^2}$
$e^{at}\sin bt$	$\dfrac{b}{(s-a)^2+b^2}$
$\cosh bt$	$\dfrac{s}{s^2-b^2}$
$\sinh bt$	$\dfrac{b}{s^2-b^2}$

逆ラプラス変換表 (a, b, c は異なる数)

$f(t)$	$F(s)$
te^{at}	$\dfrac{1}{(s-a)^2}$
$(1+at)e^{at}$	$\dfrac{s}{(s-a)^2}$ $\left(=\dfrac{1}{s-a}+\dfrac{a}{(s-a)^2}\right)$
$\dfrac{1}{2}t^2 e^{at}$	$\dfrac{1}{(s-a)^3}$
$\dfrac{1}{3!}t^3 e^{at}$	$\dfrac{1}{(s-a)^4}$
$\dfrac{1}{(b-a)}(e^{bt}-e^{at})$	$\dfrac{1}{(s-a)(s-b)}$
$\dfrac{1}{(b-a)^2}\left[e^{bt}-\{1+(b-a)t\}e^{at}\right]$	$\dfrac{1}{(s-a)^2(s-b)}$
$\dfrac{1}{(b-a)^3}\left[e^{bt}-\{1+(b-a)t+\dfrac{1}{2}(b-a)^2 t^2\}e^{at}\right]$	$\dfrac{1}{(s-a)^3(s-b)}$
$\dfrac{1}{(b-a)^4}\left[e^{bt}-\{1+(b-a)t+\dfrac{1}{2!}(b-a)^2 t^2+\dfrac{1}{3!}(b-a)^3 t^3\}e^{at}\right]$	$\dfrac{1}{(s-a)^4(s-b)}$
$\dfrac{1}{(b-a)^3}\left[-\{-2(b-a)t\}e^{bt}+\{2+(b-a)t\}e^{at}\right]$	$\dfrac{1}{(s-a)^2(s-b)^2}$
$\dfrac{1}{(b-a)^4}\left[-\{3-(b-a)t\}e^{bt}+\{3+2(b-a)t+\dfrac{1}{2}(b-a)^2 t^2\}e^{at}\right]$	$\dfrac{1}{(s-a)^3(s-b)^2}$

$\dfrac{1}{(b-a)^5}\Big[-\{4-(b-a)t\}e^{bt}$ $+\{4+3(b-a)t+(b-a)^2t^2+\dfrac{1}{3!}(b-a)^3t^3\}e^{at}\Big]$	$\dfrac{1}{(s-a)^4(s-b)^2}$
$\dfrac{1}{(b-a)^5}\Big[\{6-3(b-a)t+(b-a)^2t^2\}e^{bt}$ $-\{6+3(b-a)t+(b-a)^2t^2\}e^{at}\Big]$	$\dfrac{1}{(s-a)^3(s-b)^3}$
$\dfrac{1}{(b-a)(c-a)}e^{at}+\dfrac{1}{(b-a)(b-c)}e^{bt}$ $+\dfrac{1}{(c-a)(c-b)}e^{ct}$	$\dfrac{1}{(s-a)(s-b)(s-c)}$
$\dfrac{b+c-2a}{(b-a)^2(c-a)^2}e^{at}+\dfrac{1}{(b-a)(c-a)}te^{at}$ $+\dfrac{1}{(b-a)^2(b-c)}e^{bt}+\dfrac{1}{(c-a)^2(c-b)}e^{ct}$	$\dfrac{1}{(s-a)^2(s-b)(s-c)}$
$\dfrac{1}{2b^3}(\sin bt - bt\cos bt)$	$\dfrac{1}{(s^2+b^2)^2}$
$\dfrac{1}{2b}t\sin bt$	$\dfrac{s}{(s^2+b^2)^2}$
$\dfrac{1}{a^2+b^2}\left(e^{at}-\cos bt-\dfrac{a}{b}\sin bt\right)$	$\dfrac{1}{(s-a)(s^2+b^2)}$
$\dfrac{1}{(a^2+b^2)^2}\Big[\{-2a+(a^2+b^2)t\}e^{at}+2a\cos bt$ $+\dfrac{a^2-b^2}{b}\sin bt\Big]$	$\dfrac{1}{(s-a)^2(s^2+b^2)}$
$\dfrac{1}{(a^2+b^2)^2}\Big[\{-(a^2-b^2)+a(a^2+b^2)t\}e^{at}$ $+(a^2-b^2)\cos bt-2ab\sin bt\Big]$	$\dfrac{s}{(s-a)^2(s^2+b^2)}$ $=\dfrac{a}{(s-a)^2(s^2+b^2)}$ $+\dfrac{1}{(s-a)(s^2+b^2)}$

$\dfrac{1}{(a^2+b^2)^3} \Big[\{(3a^2-b^2)-2a(a^2+b^2)t+(a^2+b^2)^2 t^2\}e^{at}$ $\qquad -(3a^2-b^2)\cos bt - \dfrac{a}{b}(a^2-3b^2)\sin bt \Big]$	$\dfrac{1}{(s-a)^3(s^2+b^2)}$
$\dfrac{1}{b^2-a^2}\left(\dfrac{1}{a}\sin at - \dfrac{1}{b}\sin bt\right)$	$\dfrac{1}{(s^2+a^2)(s^2+b^2)}$
$\dfrac{1}{b^2-a^2}(\cos at - \cos bt)$	$\dfrac{s}{(s^2+a^2)(s^2+b^2)}$
$\dfrac{1}{(a^2+b^2)^2}e^{at} - \dfrac{1}{2b^2\sqrt{a^2+b^2}}t\sin(bt+\phi_1)$ $\qquad - \dfrac{\sqrt{a^2+4b^2}}{2b^3(a^2+b^2)}\cos(at+\phi_2)$ ただし, $\phi_1=\tan^{-1}\dfrac{a}{b}$, $\phi_2=\tan^{-1}\dfrac{a(a^2+3b^2)}{2b^3}$	$\dfrac{1}{(s-a)(s^2+b^2)^2}$
$\dfrac{1}{(b^2-a^2)^2}\left(-\dfrac{1}{a}\sin at + \dfrac{3b^2-a^2}{2b^3}\sin bt\right)$ $\qquad - \dfrac{1}{2b^2(b^2-a^2)}t\cos bt$	$\dfrac{1}{(s^2+a^2)^2(s^2+b^2)}$
$\dfrac{1}{(b^2-a^2)^2}(-\cos at + \sin bt) + \dfrac{1}{2b(b^2-a^2)}t\sin bt$	$\dfrac{s}{(s^2+a^2)^2(s^2+b^2)}$

付録

Mathematica用プログラム

(それぞれのファイルは,サイエンス社サポートページに掲載しております.)

本書の図版は数式処理ソフト Mathematica を使って描いたが,それらの図のためのプログラムを,以下に所載する.

数式処理ソフトのおかげで,割合手軽にこれらの図が描けるようになった.とはいっても,それを使いこなすには,そのための手順があり,それをマスターしなければ,思ったような使い方はできない.以下の諸例を参考に,読者が独自にいろいろな使い方を試みられることを願っている.本書の問は,たいてい「図を描け」ということを課題にしているので,練習には,事欠かないであろう.以下の事例を見ても,時には相当難物もあることは心得ていただきたい.

また,数式処理ソフトでできることには,やはり限界がある.非常にきめ細かな作業を志すならば,Visual Basic などのプログラム言語で処理することが求められるであろうが,それは,読者諸子の研鑽にまつ.

図 1.1 のプログラム
```
grftn:=Plot[{E^(x+c)/(1+E^(x+c)),-E^(x+c)/(1-E^(x+c)),1},
  {x,-2,2},PlotStyle->{Thickness[0.006]},
  DisplayFunction->Identity,AspectRatio->1,PlotRange->{{-2,2},{-1,2}}];
grtable=Table[{grftn},{c,-3,3}];
Show[grtable,DisplayFunction->$DisplayFunction]
```

図 1.2 のプログラム
```
grftn:=Plot[{2*ArcTan[c*E^(-2*Cos[x])],
```

```
   2*ArcTan[c*E^(-2*Cos[x])]+2*Pi,2*Pi},{x,-2.5*Pi,2.5*Pi},
   PlotStyle->{Thickness[0.005]},DisplayFunction->Identity,
   AspectRatio->1,PlotRange->{{-2.5*Pi,2.5*Pi},{-4.,10.3}}]
ord=Table[{Dashing[{0.03,0.03}],Line[{{k*Pi,-4},{k*Pi,10.3}}]},{k,-2,2}];
absc=
   Table[{Thickness[0.005],Line[{{-2.5*Pi,k*Pi},{2.5*Pi,k*Pi}}]},{k,-1,3}];
grtable=Table[{grftn},{c,-4,4}];
Show[{grtable,Graphics[ord]},Graphics[absc],DisplayFunction->$DisplayFunction]
```

図 1.3 のプログラム

```
f[u_,c_]:=Exp[-Log[u^2+2*u+2]/2+2*ArcTan[u+1]-c]
flistpos=Table[f[u,c],{c,-1,1}]
flistneg=Table[-f[u,c],{c,-1,1}]
flist=Union[flistpos,flistneg]
grphtable=Table[{ParametricPlot[
    {flist[[c]],u*flist[[c]]},{u,-10,10},PlotRange->{{-5,5},{-5,5}},
    PlotStyle->{Thickness[.005]},PlotPoints->50,DisplayFunction->Identity]},
    {c,1,6}]
grphtableadd=Table[{ParametricPlot[{f[u,-2],u*f[u,-2]},{u,-100,10},
    PlotRange->{{-5,5},{-5,5}},PlotStyle->{Thickness[.005]},
    PlotPoints->50,DisplayFunction->Identity],ParametricPlot[
    {-f[u,-2],-u*f[u,-2]},{u,-100,10},PlotRange->{{-5,5},{-5,5}},
    PlotStyle->{Thickness[.005]},PlotPoints->50,DisplayFunction->Identity],
    ParametricPlot[{f[u,2],u*f[u,2]},{u,-10,100},PlotRange->{{-5,5},{-5,5}},
    PlotStyle->{Thickness[.005]},PlotPoints->50,DisplayFunction->Identity],
    ParametricPlot[{-f[u,2],-u*f[u,2]},{u,-10,200},
    PlotRange->{{-5,5},{-5,5}},PlotStyle->{Thickness[.005]},
    PlotPoints->50,DisplayFunction->Identity]}]
Show[grphtable,grphtableadd,DisplayFunction->$DisplayFunction,AspectRatio->1]
```

図 1.4 のプログラム

```
f[u_,c_]:=c*Exp[2/(u+1)]/(u+1)
flist=Table[f[u,c],{c,-3,4}]
grphlistpos=Table[{ParametricPlot[
    {flist[[c]]+1,u*flist[[c]]+1},{u,-0.9,100},PlotRange->{{-5,5},{-5,5}},
    PlotStyle->{Thickness[.005]},PlotPoints->50,DisplayFunction->Identity]},
    {c,1,8}]
grphlistneg=Table[{ParametricPlot[{flist[[c]]+1,u*flist[[c]]+1},
    {u,-100,-1.1},PlotRange->{{-5,5},{-5,5}},
    PlotStyle->{Thickness[.005]},PlotPoints->50,DisplayFunction->Identity]},
    {c,1,8}]
```

付　　録　　　　　221

```
grphlistposadd=Table[{ParametricPlot[
    {f[u,-.3]+1,u*f[u,-.3]+1},{u,-0.9,10},PlotRange->{{-5,5},{-5,5}},
    PlotStyle->{Thickness[.005]},PlotPoints->50,DisplayFunction->Identity]},
    {c,1,5}]
grphlistnegadd=Table[{ParametricPlot[
    {f[u,-.3]+1,u*f[u,-.3]+1},{u,-10.,-1.001},PlotRange->{{-5,5},{-5,5}},
    PlotStyle->{Thickness[.005]},PlotPoints->50,DisplayFunction->Identity]},
    {c,1,5}]
grphlistnegaddbis=Table[{ParametricPlot[{f[u,.3]+1,u*f[u,.3]+1},
    {u,-10.,-1.001},PlotRange->{{-5,5},{-5,5}},PlotStyle->{Thickness[.005]},
    PlotPoints->50,DisplayFunction->Identity]}]
grphlistposaddbis=Table[{ParametricPlot[
    {f[u,.3]+1,u*f[u,.3]+1},{u,-0.9,10},PlotRange->{{-5,5},{-5,5}},
    PlotStyle->{Thickness[.005]},PlotPoints->50,DisplayFunction->Identity]}]
ll={Thickness[.005],Line[{{-3,5},{5,-3}}]}
Show[{{grphlistpos,grphlistneg,grphlistposadd,
    grphlistposaddbis,grphlistnegadd,grphlistnegaddbis},Graphics[ll]},
    DisplayFunction->$DisplayFunction,AspectRatio->1]
```

図 1.5 のプログラム

```
grphtable=Table[Plot[2+c*E^(-x^2),{x,-4,4},PlotRange->{{-4,4},{-4,8}},
    PlotStyle->{Thickness[.006]},DisplayFunction->Identity],
    {c,-5,5}]
Show[grphtable,DisplayFunction->$DisplayFunction]
```

図 1.6 のプログラム

```
grphtable=Table[{Plot[(-5*Exp[Cos[x]]+c)/Sin[x],
    {x,k*Pi+.01,(k+1)*Pi-.01},DisplayFunction->Identity,
    PlotRange->{{-7,7},{-20,20}},PlotStyle->{Thickness[.006]}]},
    {c,-4*E,10*E,E},{k,-2,1}]
ord=Table[{Dashing[{0.03,0.03}],Line[{{p*Pi,-20},{p*Pi,20}}]},{p,-2,2}]
Show[{grphtable,Graphics[ord]},DisplayFunction->$DisplayFunction,
 AspectRatio->1,Ticks->{{-2Pi,-Pi,0,Pi,2Pi},{0}}]
```

図 1.7 のプログラム

```
grphtableleft1=Table[Plot[x/(c-Log[Abs[x]]),{x,-Exp[c]+.01,-.01},
  PlotRange->{{-5,5},{-5,5}},
    PlotStyle->{Thickness[0.006]},DisplayFunction->Identity],
    {c,-1,3}]
grphtableleft2=Table[Plot[x/(c-Log[Abs[x]]),{x,-5,-Exp[c]-.001},
  PlotRange->{{-5,5},{-5,5}},
```

```
    PlotStyle->{Thickness[0.006]},DisplayFunction->Identity],
   {c,-2,0,.5}]
grphtableright1=Table[Plot[x/(c-Log[Abs[x]]),{x,.01,Exp[c]-.001},
   PlotRange->{{-5,5},{-5,5}},
    PlotStyle->{Thickness[0.006]},DisplayFunction->Identity],
   {c,-1,3}]
grphtableright2=Table[Plot[x/(c-Log[Abs[x]]),{x,Exp[c]+.001,5},
   PlotRange->{{-5,5},{-5,5}},
    PlotStyle->{Thickness[0.006]},DisplayFunction->Identity],
   {c,-2,0,.5}]
Show[grphtableleft1,grphtableleft2,grphtableright1,grphtableright2,
   DisplayFunction->$DisplayFunction,AspectRatio->1]
```

図 1.8 のプログラム

```
grphtablep=
 Table[{Plot[c/2*Abs[x]^(-2/3),{x,-5,5},PlotRange->{{-5,5},{-5,5}},
    PlotStyle->{Thickness[.005]},DisplayFunction->Identity]},{c,1,4}]
grphtablem=
 Table[{Plot[-c/2*(Abs[x])^(-2/3),{x,-5,5},PlotRange->{{-5,5},{-5,5}},
    PlotStyle->{Thickness[.005]},DisplayFunction->Identity]},{c,1,4}]
Show[grphtablep,grphtablem,DisplayFunction->$DisplayFunction,AspectRatio->1]
```

図 1.9 のプログラム

```
grphtablepos=
 Table[{Plot[c+Sqrt[c^2+4*x^4],{x,-10,10},PlotRange->{{-2,2},{-5,5}},
    PlotStyle->{Thickness[.005]},DisplayFunction->Identity]},
   {c,-3,3}]
grphtableneg=
  Table[{Plot[c-Sqrt[c^2+4*x^4],{x,-10,10},PlotRange->{{-2,2},{-10,10}},
    PlotStyle->{Thickness[.005]},DisplayFunction->Identity]},
   {c,-3,3}]
grphzero=Graphics[{Thickness[.005],Line[{{-2,0},{2,0}}]}]
Show[grphtablepos,grphtableneg,grphzero,DisplayFunction->$DisplayFunction,
 AspectRatio->1]
```

図 1.10 のプログラム

```
f[x_,c_]:=-2*N[Log[Abs[x]]]+c
g[x_,c_]:=If[f[x,c]>=0,Sqrt[f[x,c]]]
{f[-.6,-1],g[-.6,-1]}
grphtablepos=Table[{Plot[(g[x,c]+1)/x,{x,-5,5},PlotRange->{{-5,5},{-5,5}},
    PlotStyle->{Thickness[.005]},DisplayFunction->Identity]},
```

```
  {c,-3,3}]
grphtableneg=
 Table[{Plot[(-g[x,c]+1)/x,{x,-5,5},PlotRange->{{-5,5},{-5,5}},
    PlotStyle->{Thickness[.005]},DisplayFunction->Identity]},
  {c,-3,3}]
Show[grphtablepos,grphtableneg,DisplayFunction->$DisplayFunction,
 AspectRatio->1]
```

図 1.12 のプログラム

```
f[x_,c_]:=(Cos[x]+Sin[x])/2+c*Exp[-x]
flistone={f[x,-5],f[x,-2.5],f[x,-1],f[x,-0.2],f[x,0.4],f[x,1],
 f[x,3],f[x,10],f[x,50],f[x,200]}
grphtableone=Table[{Plot[flistone[[k]],{x,-2,8},PlotRange->{{-2,8},{-5,5}},
    PlotStyle->{Thickness[.005]},DisplayFunction->Identity]},
  {k,1,10}]
grlines=
 Table[Graphics[Line[{{x-0.1,Cos[x]-c-0.1*c},{x+0.1,Cos[x]-c+0.1*c}}]],
  {x,-1,7},{c,-3,3}]
ttt:=Graphics[{Text["C=-0.2",{-1.8,-2.3}],Text["C=1",{-1.8,4.2}],
   Text["C=3",{-0.5,4.2}],Text["C=10",{1.4,4.2}],Text["C=50",{2.8,4.2}],
   Text["C=200",{4.1,4.2}]}]
$DefaultFont={"Times-Italic",10}
Show[grphtableone,grphtabletwo,grlines,ttt,DisplayFunction->$DisplayFunction,
 AspectRatio->0.7,PlotRange->{{-2,8},{-3,4.3}}]
```

図 1.13 のプログラム

```
f[x_,y_]:=x^2-y^2
h=.1;
x[n_]:=n*h-1
Clear[yrk]
 yrk[n_]:=Module[{k1,k2},
  k1=h*f[x[n-1],yrk[n-1]];
  k2=h*f[x[n-1]+h,yrk[n-1]+k1];
  yrk[n]=yrk[n-1]+(1/2)(k1+k2)]
yrk[1]=0;
rkpts=Table[{x[i-1],yrk[i]},{i,1,40}];
plotlist0=
 Table[{ListPlot[rkpts,PlotJoined->True,PlotStyle->{Thickness[.005]},
    DisplayFunction->Identity]}]
Clear[yrk]
 yrk[n_]:=Module[{k1,k2},
```

```
  k1=h*f[x[n-1],yrk[n-1]];
  k2=h*f[x[n-1]+h,yrk[n-1]+k1];
  yrk[n]=yrk[n-1]+(1/2)(k1+k2)]
yrk[1]=0.5;
rkpts=Table[{x[i-1],yrk[i]},{i,1,40}];
plotlistpt5=
 Table[{ListPlot[rkpts,PlotJoined->True,PlotStyle->{Thickness[.005]},
    DisplayFunction->Identity]}]
Clear[yrk]
 yrk[n_]:=Module[{k1,k2},
  k1=h*f[x[n-1],yrk[n-1]];
  k2=h*f[x[n-1]+h,yrk[n-1]+k1];
  yrk[n]=yrk[n-1]+(1/2)(k1+k2)]
yrk[1]=1;
rkpts=Table[{x[i-1],yrk[i]},{i,1,40}];
plotlist1=
 Table[{ListPlot[rkpts,PlotJoined->True,PlotStyle->{Thickness[.005]},
    DisplayFunction->Identity]}]
Clear[yrk]
 yrk[n_]:=Module[{k1,k2},
  k1=h*f[x[n-1],yrk[n-1]];
  k2=h*f[x[n-1]+h,yrk[n-1]+k1];
  yrk[n]=yrk[n-1]+(1/2)(k1+k2)]
yrk[1]=-0.4;
rkpts=Table[{x[i-1],yrk[i]},{i,1,40}];
plotlistmspt4=
 Table[{ListPlot[rkpts,PlotJoined->True,PlotStyle->{Thickness[.005]},
    DisplayFunction->Identity]}]
Clear[yrk]
 yrk[n_]:=Module[{k1,k2},
  k1=h*f[x[n-1],yrk[n-1]];
  k2=h*f[x[n-1]+h,yrk[n-1]+k1];
  yrk[n]=yrk[n-1]+(1/2)(k1+k2)]
yrk[1]=-0.6;
rkpts=Table[{x[i-1],yrk[i]},{i,1,40}];
plotlistmspt6=
 Table[{ListPlot[rkpts,PlotJoined->True,PlotStyle->{Thickness[.005]},
    DisplayFunction->Identity]}]
Clear[yrk]
 yrk[n_]:=Module[{k1,k2},
  k1=h*f[x[n-1],yrk[n-1]];
  k2=h*f[x[n-1]+h,yrk[n-1]+k1];
```

```
  yrk[n]=yrk[n-1]+(1/2)(k1+k2)]
yrk[1]=-0.55;
rkpts=Table[{x[i-1],yrk[i]},{i,1,40}];
plotlistmspt5=
 Table[{ListPlot[rkpts,PlotJoined->True,PlotStyle->{Thickness[.005]},
    DisplayFunction->Identity]}]
Clear[yrk]
 yrk[n_]:=Module[{k1,k2},
  k1=h*f[x[n-1],yrk[n-1]];
  k2=h*f[x[n-1]+h,yrk[n-1]+k1];
  yrk[n]=yrk[n-1]+(1/2)(k1+k2)]
yrk[1]=2;
rkpts=Table[{x[i-1],yrk[i]},{i,1,40}];
plotlist2=
 Table[{ListPlot[rkpts,PlotJoined->True,PlotStyle->{Thickness[.005]},
 DisplayFunction->Identity]}]
Clear[yrk]
 yrk[n_]:=Module[{k1,k2},
  k1=h*f[x[n-1],yrk[n-1]];
  k2=h*f[x[n-1]+h,yrk[n-1]+k1];
  yrk[n]=yrk[n-1]+(1/2)(k1+k2)]
yrk[1]=3;
rkpts=Table[{x[i-1],yrk[i]},{i,1,40}];
plotlist3=
 Table[{ListPlot[rkpts,PlotJoined->True,PlotStyle->{Thickness[.005]},
 DisplayFunction->Identity]}]
hyperbolasone:=
  Table[Plot[Sqrt[c^2/3+x^2],{x,-1,4},DisplayFunction->Identity],{c,1,4}]
hyperbolasoneneg:={Plot[-Sqrt[1/3+x^2],{x,-1,4},DisplayFunction->Identity]}
hyperbolastwo:=
  Table[Plot[Sqrt[x^2-c^2/3],{x,c/Sqrt[3],4},DisplayFunction->Identity],
   {c,1,3}]
hyperbolastwolow:=
  Table[Plot[-Sqrt[x^2-c^2/3],{x,c/Sqrt[3],4},DisplayFunction->Identity],
   {c,1,3}]
hyperbolastwoneg:={
 Plot[Sqrt[x^2-1/3],{x,-2,-1/Sqrt[3]},DisplayFunction->Identity]}
hyperbolastwoneglow:={
 Plot[-Sqrt[x^2-1/3],{x,-2,-1/Sqrt[3]},DisplayFunction->Identity]}
grlinesone=Table[Graphics[Line[{{x-0.05,Sqrt[c^2/3+x^2]+0.05*c^2/3},
    {x+0.05,Sqrt[c^2/3+x^2]-0.05*c^2/3}}]],{x,-1,4},
  {c,1,4}]
```

```
grlinesoneneg=
 {Graphics[Line[{{-0.05,-Sqrt[1/3]+0.05/3},{0.05,-Sqrt[1/3]-0.05/3}}]]}
grlinestwo=Table[Graphics[Line[{{x-0.1,Sqrt[x^2-c^2/3]-0.1*c^2/3},
    {x+0.1,Sqrt[x^2-c^2/3]+0.1*c^2/3}}]],{c,1,3},
  {x,c/Sqrt[3],2}]
grlinestwoneglow={
 Graphics[Line[{{-1/Sqrt[3]-0.1,-0.1/3},{-1/Sqrt[3]+0.1,0.1/3}}]]}
Show[{plotlist0,plotlistpt5,plotlistmspt4,plotlistmspt6,plotlistmspt5,
   plotlist1,plotlist2,plotlist3,hyperbolasone,hyperbolasoneneg,hyperbolastwo,
   hyperbolastwolow,hyperbolastwoneg,hyperbolastwoneglow,grlinesone,
   grlinesoneneg,grlinestwo,grlinestwoneglow},PlotRange->{{-1,3},{-1.1,3}},
   DisplayFunction->$DisplayFunction,
AspectRatio->1]
```

図 1.14 のプログラム

```
grftn:=Plot[c/2*x^2,{x,-1,1},PlotStyle->{Thickness[0.005]},
  DisplayFunction->Identity,AspectRatio->1,PlotRange->{-1,1},Ticks->None]
grtable=Table[grftn,{c,-4,4}];
Show[grtable,DisplayFunction->$DisplayFunction]
```

図 1.15 のプログラム

```
parabola:=Plot[x^2,{x,-1,1},PlotStyle->{Thickness[0.005]},
  DisplayFunction->Identity,PlotRange->{{-1,1},{-.5,1}},Ticks->None]
grftn:=Plot[2*c/3*x-c^2/9,{x,-1,1},DisplayFunction->Identity]
grtable=Table[ grftn,{c,-3,3}];
Show[parabola, grtable,DisplayFunction->$DisplayFunction,AspectRatio->1.5]
```

図 1.20 のプログラム

```
grftn:=Plot[(c*x^2+1/c)/2,{x,-1,1},PlotStyle->{Thickness[0.005]},
  DisplayFunction->Identity]
envelope:=Plot[{x,-x},{x,-1,1},PlotStyle->{Thickness[0.005]},
  DisplayFunction->Identity]
grtablepos=Table[ grftn,{c,1,4}];grtableneg=Table[ grftn,{c,-4,-1}];
Show[envelope, grtablepos,grtableneg,DisplayFunction->$DisplayFunction,
 AspectRatio->Automatic,PlotRange->{{-1,1},{-1,1}},Ticks->None]
```

図 1.21 のプログラム

```
grtablepos:=Table[Plot[x/c+1/c^2,{x,-2,2},
   PlotStyle->{Thickness[0.003]},DisplayFunction->Identity],
  {c,1,3}]
grtableneg:=Table[Plot[x/c+1/c^2,{x,-2,2},
```

付　録　　　　227

```
  PlotStyle->{Thickness[0.003]},DisplayFunction->Identity],
  {c,-3,-1}]
grzero=Graphics[{Thickness[.003]},Line[{{-2,0},{2,0}}]]
envelope:=Plot[-x^2/4,{x,-2,2},PlotStyle->{Thickness[0.005]},
  DisplayFunction->Identity]
Show[envelope, grtablepos,grtableneg,grzero,DisplayFunction->$DisplayFunction,
  AspectRatio->Automatic,PlotRange->{{-2,2},{-2,2}},Ticks->None]
grtable
```

図 1.22 のプログラム

```
grtableone:=Table[Plot[(1+c1^2)*Log[Abs[x+c1]]-c1*x+c2/3,
    {x,-1,1},PlotStyle->{Thickness[0.003]},DisplayFunction->Identity],
  {c1,-1,1},{c2,0,3}]
grtabletwo:=Table[Plot[-x^2/2+c2/3,{x,-1,1},
    PlotStyle->{Thickness[0.003]},DisplayFunction->Identity],
  {c2,0,3}]
Show[grtableone,grtabletwo,DisplayFunction->$DisplayFunction,
  AspectRatio->Automatic,PlotRange->{{-1,1},{-1,1}},Ticks->None]
```

図 1.23 のプログラム

```
grtableonepos:=Table[ParametricPlot[
    {(Log[(Sqrt[Exp[t]+c1^2/4]-c1/2)/(Sqrt[Exp[t]+c1^2/4]+c1/2)]-c2)/c1*2,t}
    ,{t,-1,1},DisplayFunction->Identity,PlotStyle->{Thickness[0.003]}],
  {c1,1,2},{c2,-2,2}]
grtableoneneg:=Table[ParametricPlot[
    {-(Log[(Sqrt[Exp[t]+c1^2/4]-c1/2)/(Sqrt[Exp[t]+c1^2/4]+c1/2)]-c2)/c1*2,t}
    ,{t,-1,1},DisplayFunction->Identity,PlotStyle->{Thickness[0.003]}],
  {c1,1,2},{c2,-2,2}]
grtabletwo:=Table[Plot[Log[(c1/2.5)^2*(Sec[c1/5*x+c2])^2],{x,-1,1},
    DisplayFunction->Identity,PlotStyle->{Thickness[0.003]}],{c1,1,3},
  {c2,-1,1}]
Show[grtableonepos,grtableoneneg,grtabletwo,DisplayFunction->$DisplayFunction,
  AspectRatio->Automatic,PlotRange->{{-1,1},{-1,1}},Ticks->None]
```

図 2.17 のプログラム

```
grtable:=Table[Plot[Exp[x]/(Exp[x]+Exp[c]),
    {x,-3,3},DisplayFunction->Identity,PlotStyle->{Thickness[0.004]}],
  {c,-3,3}]
grline:=Graphics[Line[{{-3,1},{3,1}}]]
ttt=Graphics[{Text["0",{0.2,-0.1}],Text["C=1",{0.3,0.5}],
    Text["C=1/e",{-0.8,0.5}],Text["C=e",{1.1,0.5}]}]
```

```
$DefaultFont={"Times-Italic",8}
Show[grtable,grline,ttt,DisplayFunction->$DisplayFunction,AspectRatio->.8,
 PlotRange->{{-3,3},{-.5,1.5}},AxesLabel->{x,y},Ticks->None]
```

付第2章　図2のプログラム

```
sol=NDSolve[{y'[x]==y[x],y[0]==1},y,{x,0,10}]
Plot[Evaluate[y[x]/.sol],{x,0,10}]
rkvalue=Table[y[x]/.sol,{x,0,10}]
truevalue=Table[N[Exp[x]],{x,0,10}]
Table[(rkvalue[[k]]-truevalue[[k]])/truevalue[[k]],{k,1,11}]
```

索　引

あ　行

一般解　68
陰的公式　185

ヴォルテラ・ロトカの微分方程式　65

エネルギー積分　165
演算子法　90

オイラーの公式　74
オイラーの微分方程式　86
オイラー法　179

か　行

解　1
重ね合せの原理　79
完全微分形　20
ガンマ関数　95
ガンマ積分　95

基本解　68
逆ラプラス変換　105
球面調和関数　176
境界条件　151, 161

区分的に連続　116
クレーローの微分方程式　36

原関数　93
誤差のオーダー　182

さ　行

斉次方程式　66

指数型の関数　93
指数法則　74
収束半径　126
常微分方程式　1
初期条件　44, 152, 161
振動の微分方程式　148

数値解法　178

整級数　126
積分因子　21
絶対収束　203
線形常微分方程式　11
全微分方程式　19

像 (関数)　93

た　行

対関数表　105
台形公式　185
ダランベールの解　149

索　引

ダランベールの階数低下法　71
ダランベールの公式　126
単位衝撃関数　120
単位跳躍関数　116
単振動　57

中点法　183
調和関数　167, 171
直交曲線座標系　49
直交切線　50

追跡線　48

定数変化の法　13
ディラックのデルタ関数　120
ディリクレ問題　168

動径　45
等傾斜線　28
特異解　35
特性方程式　76
ド・モワブルの公式　75
トラクトリックス　48

な 行

ニュートン・ポテンシャル　172

熱方程式　161

ノイマン関数　141

は 行

波動方程式　155
ハミング法　194

反復法　192

微分積分方程式　60
微分方程式系　122

フーリエ級数　153
フーリエ正弦級数　163
フーリエ余弦級数　163

ヘヴィサイド関数　116
ベッセル関数　138
ベッセルの微分方程式　137
ベルヌイの微分方程式　16
変数分離形　3
変数分離の方法　152
変分問題　167

ポアソンの核　171
ポアソンの積分表示　171
方向場　27
包絡線　32, 36

ま 行

ミルン法　192

や 行

陽的公式　185

ら 行

ラグランジュの補間式　109
ラプラシアン　155
ラプラスの方程式　165
ラプラス変換　93

リッカティの微分方程式	29	ルジャンドルの微分方程式	131, 176
ルジャンドル多項式	176	ルンゲ・クッタ法	187
ルジャンドルの多項式	133	連立微分方程式	122

著者略歴

竹之内　脩
（たけのうち　おさむ）

1947年　東京帝国大学理学部数学科卒業
現　在　大阪大学名誉教授　理学博士

主要著書

トポロジー
集合・位相
微分積分学
解析学概説
函数解析
常微分方程式
フーリエ展開
ルベーグ積分
数学的構造
線形代数

新数学ライブラリ＝3

微分方程式とその応用 [新訂版]

1985年12月10日 ©	初 版 発 行
2004年 7月25日 ©	新訂版発行
2019年 2月25日	新訂第4刷発行

著　者　竹之内　脩　　発行者　森平敏孝
　　　　　　　　　　　印刷者　杉井康之
　　　　　　　　　　　製本者　米良孝司

発行所　　株式会社　サイエンス社

〒151-0051　東京都渋谷区千駄ヶ谷1丁目3番25号
営業☎(03)5474-8500（代）振替 00170-7-2387
編集☎(03)5474-8600（代）FAX☎(03)5474-8900

印刷　（株）ディグ　　　製本　ブックアート

《検印省略》

本書の内容を無断で複写複製することは，著作者および
出版者の権利を侵害することがありますので，その場合
にはあらかじめ小社あて許諾をお求め下さい．

ISBN4-7819-1060-2

PRINTED IN JAPAN

サイエンス社のホームページのご案内
http://www.saiensu.co.jp
ご意見・ご要望は
rikei@saiensu.co.jp まで．